U0192755

蓝鹦鹉格鲁比科普故事

揭秘微生物

［瑞士］亚特兰特·比利　著　　　［瑞士］丹尼尔·弗里克　绘

赵檬锡　译

文化发展出版社
Cultural Development Press

·北京·

图书在版编目（CIP）数据

揭秘微生物 ／（瑞士）亚特兰特·比利著 ；（瑞士）
丹尼尔·弗里克绘 ；赵檬锡译 . —— 北京 ：文化发展出
版社，2023.4
（蓝鹦鹉格鲁比科普故事）
ISBN 978-7-5142-3984-3

Ⅰ . ①揭⋯ Ⅱ . ①亚⋯ ②丹⋯ ③赵⋯ Ⅲ . ①微生物
－少儿读物 Ⅳ . ① Q939-49

中国国家版本馆 CIP 数据核字（2023）第 048480 号

Globi und die Mikroben
Author: Atlant Bieri / Illustrator: Daniel Frick

Globi Verlag, Imprint Orell Füssli Verlag.
www.globi.ch
© 2022, Orell Füssli AG, Zürich
All rights reserved.
Current Chinese translation rights arranged through Agency Beijing Star Media Co., Ltd.

北京市版权局著作权合同登记号：图字 01-2023-1140

蓝鹦鹉格鲁比科普故事——揭秘微生物

著　　者：[瑞士] 亚特兰特·比利
绘　　者：[瑞士] 丹尼尔·弗里克
译　　者：赵檬锡

出版人：宋　娜
责任编辑：孙豆豆　刘　洋　　责任校对：岳智勇　马　瑶
责任印制：杨　骏　　　　　　封面设计：李果果
出版发行：文化发展出版社（北京市翠微路2号 邮编：100036）
网　　址：www.wenhuafazhan.com
经　　销：全国新华书店
印　　刷：天津图文方嘉印刷有限公司

开　　本：797mm×1092mm　1/16
字　　数：120千字
印　　张：7.5
版　　次：2023年4月第1版
印　　次：2023年4月第1次印刷

定　　价：58.00元
ISBN：978-7-5142-3984-3

◆　如有印装质量问题，请电话联系：010-68567015

前言

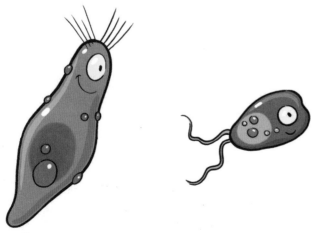

亲爱的读者们:

　　这本《蓝鹦鹉格鲁比科普故事——揭秘微生物》凝结了经验丰富的作家亚特兰特·比利和技艺高超的插画师丹尼尔·弗里克的大量心血,堪称是他们的一部杰作。他们二人的合作真是天衣无缝,虽然这是一部科普作品,却处处妙笔生花,引人入胜。书中介绍了病毒和微生物的大千世界,内容趣味盎然,令人大开眼界。

　　格鲁比的好奇心为我们带来了意想不到的体验,带我们踏上了一段充满意外之喜的旅途,使我们领略了许多奇妙的瞬间。凭借着机智勇敢和幽默风趣,格鲁比引领我们一窥迷你世界的奥妙:这个世界与我们密不可分,却通常难以踏足。这本书不仅仅是茶余饭后的消遣,而且通俗易懂、贴近现实,内容紧跟最新研究成果。我自己的研究就非常重视病毒。病毒与人、动植物、细菌都密切相关,除了致病之外,它们还有许多鲜为人知的积极的一面,这是不是有些出人意料呢?

　　每个孩子家里都应该备上一本《蓝鹦鹉格鲁比科普故事——揭秘微生物》。这本书轻松诙谐,妙趣横生,值得珍藏。或许,这本书可以激励小读者深入了解病毒和微生物的秘密,进行进一步的研究。病毒与微生物的世界还藏着许多秘密,有待有志者深入探索。

瑞士苏黎世大学分子细胞生物学教授

乌尔斯·格雷贝尔 (Urs Greber)

目录

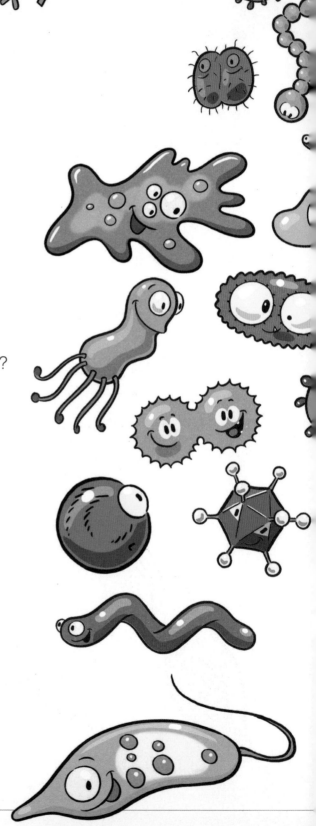

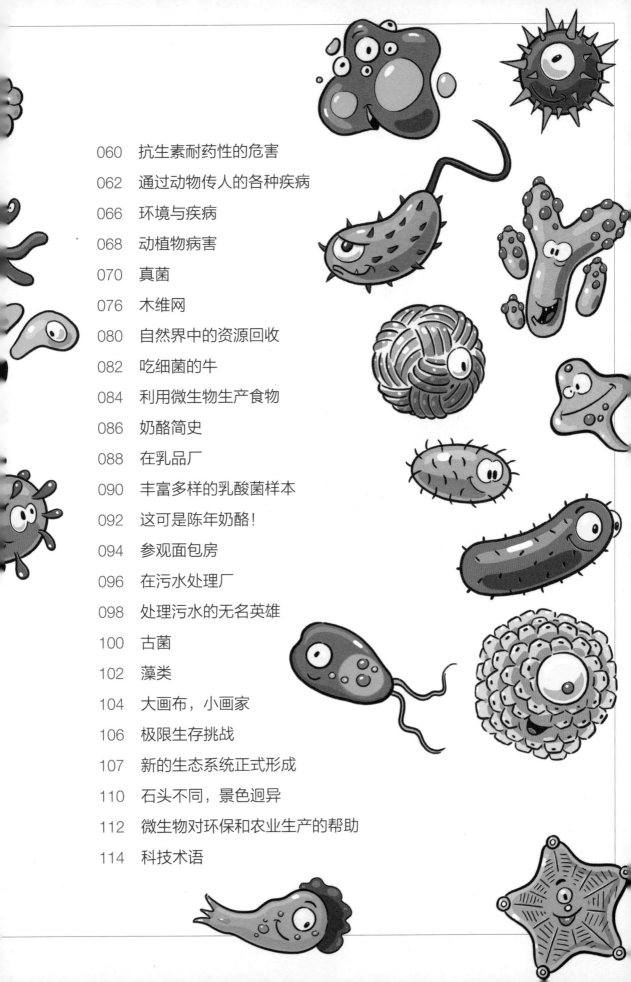

肉眼看不见的世界

　　这本书讲述的是病毒、细菌、真菌和其他微生物的故事。它们非常小，肉眼根本看不见，我们只有在显微镜和高倍放大镜下才能一睹真容。为了让你能直观感受到它们的大小，我们把它们和常见的其他生物放在一起进行比较。

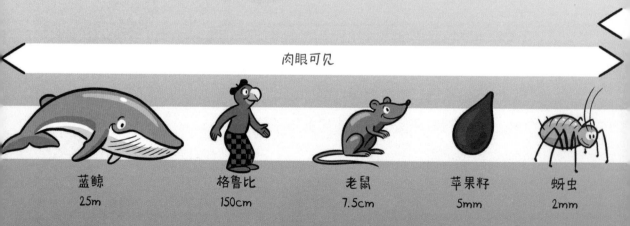

肉眼可见

蓝鲸	格鲁比	老鼠	苹果籽	蚜虫
25m	150cm	7.5cm	5mm	2mm

打个比方，假设格鲁比和细菌一样大，那么老鼠也变得微乎其微，就像病毒。相比起来，苹果籽就是庞然大物，如巍巍高山。

μm：微米的缩写

1 mm = 1000 μm

光学显微镜下可见

电子显微镜下可见

阿米巴原虫	硅藻	人体细胞	细菌	病毒
0.1mm	200 μm	25 μm	5 μm	0.1 μm

五彩斑斓的微生物世界

　　有些微生物色彩非常鲜明，比如细菌。当大量细菌在温泉等处聚集时，颜色清晰可见。但是大多数微生物的颜色很黯淡，甚至根本没有颜色，病毒就属于这一类。不过，在本书中，为了使读者看得更清楚，插画师把微生物都画成了彩色。

格鲁比进入微生物世界

你也知道，格鲁比和我们人类不一样，他能和动植物沟通交流。虽然病毒、细菌等微生物比动植物小得多，但是格鲁比同样能和它们交流。他既能看见微生物的样子，也能听见微生物说话。在本书中，格鲁比像孙悟空一样神通广大，他可以化身为微生物同等大小的样子，时大时小，变化多端。这在现实中当然不可能，但不这么假设，我们可能就无法生动地向你们呈现微生物的精彩世界。

什么是微生物

微生物囊括了所有肉眼不可见的生物，没有显微镜就看不到微生物。微生物的数量远超动植物。像墨西哥城这样的特大城市，居民人口高达 2200 万人，但一指甲盖的土壤里所含的微生物就超过 900 万了。

微生物有哪些种类？

微生物种类繁多，包括病毒、细菌、真菌等。如果这三种你早有所耳闻，那古菌你大概没听说过。古菌看起来很像细菌，但比细菌还小。下面总结了几种重要的微生物。

病毒

我们都知道，病毒对人来说更多的是病原体。一般来说，病毒被归于一种个体微小、结构简单的非细胞型生物，但它究竟是不是生命，还很难说。听起来很奇怪，对吗？因为病毒不能独立生存、繁殖，必须寄生在其他生物的活细胞里才能生存和繁殖。

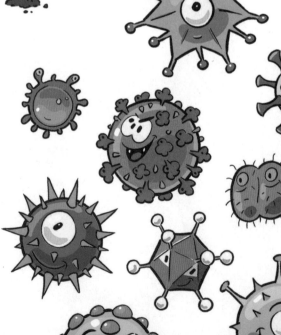

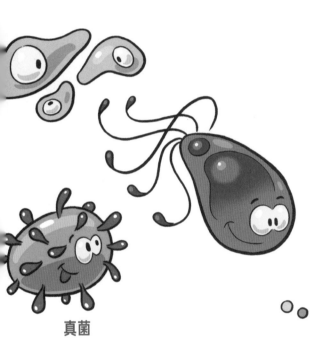

细菌

　　细菌是人类的好帮手。没有细菌，我们就无法生产出面包、奶酪、酸奶、葡萄酒和酸菜等。我们的肠子里有几十亿个细菌在帮助我们消化。但是，细菌进入血液往往会引发血液中毒，危及生命。

古菌

　　古菌和细菌很像，但大多数古菌比细菌还小。大多数现存的古菌的生活环境很极端，有些生活在酸性湖泊中，有些生活在温泉里。这些恰恰是地球形成初期的生态环境。

真菌

　　真菌或许是最神秘的微生物。它分布在空气里、水中、人体表面、人体内部……真菌无处不在。许多真菌就扎根在我们脚下的土壤里，它们远比头发丝还要细的菌丝纵横交错，结成巨网，贯穿森林草甸。真菌既是小不点儿又是参天巨人，真不可思议，不是吗？

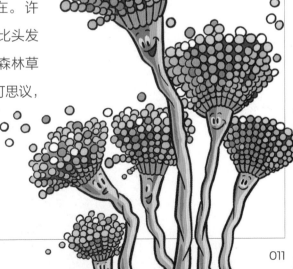

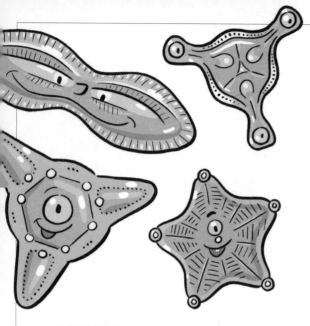

硅藻

　　硅藻是单细胞生物，和其他藻类一样，大量存在于池塘、溪流、河流、湖泊和海洋中。硅藻最引人注目的就是它的外壳，看起来像妙手制成的糖果。硅藻和其他藻类一样可以进行光合作用，为人类提供氧气。

单细胞藻类

　　单细胞藻类广泛分布于各种水域中，包括池塘、溪流、河流、湖泊、大洋。单细胞藻类生产的氧气占全世界氧气总量的一半以上，这对人类的生存至关重要。它们通过光合作用把二氧化碳转化成氧气。此外，它们也是水生食物链的起点。

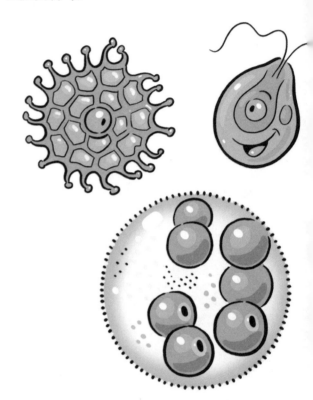

阿米巴原虫

　　阿米巴原虫是单细胞生物，它就像试图行走的水滴，通过不断改变自身形状来移动。移动时，它会伸出伪足，把身体往前拉。阿米巴原虫的食物之一是细菌，进食时，它会先包围食物，再吞噬消化。阿米巴原虫在各大洲都留下了足迹，有些甚至生活在南极洲。

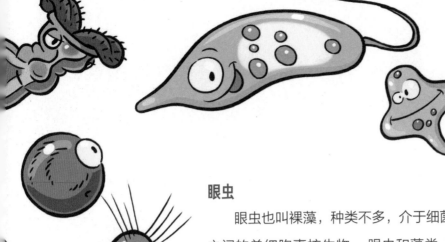

眼虫

眼虫也叫裸藻，种类不多，介于细菌和藻类之间的单细胞真核生物。眼虫和藻类一样，可以进行光合作用。它们也可以通过体表吸收食物。眼虫像某些细菌一样有鞭毛，鞭毛的作用类似外置马达，可以推动它们向前行进。另外，眼虫还有眼斑，可以辨认光线的来源。

微生物的重量相当可观

地球上所有生物的重量大约是 5000 亿吨。其中植物占了约五分之四，微生物略少于五分之一，动物和人类加起来才占了大约千分之五。

1Gt=10 亿 t=1,000,000,000t

植物 450 GT

微生物 93 Gt

藻类、阿米巴原虫、眼虫 4 Gt
古菌 7 Gt
真菌 12 Gt
细菌 70 Gt

动物 2 Gt
（其中人类占了 0.06 Gt）

545 Gt

多种多样的微生物栖息地

微生物可以在各种各样的地方生活，有些环境非常极端，人类一秒都待不下去。

火山口

死火山往往会在火山口形成火山口湖，但湖里不是水，而是酸性物质。人的手指如果探进湖里，会严重受伤。但有些细菌却在火山口湖里如鱼得水，自得其乐。

深海

海洋深处一片漆黑，伸手不见五指，寒冷刺骨，而且几乎没有氧气。但这里也有细菌。

海底烟柱

海底某些地方有温泉，也就是所谓的海底热泉，从烟囱一样的地方喷出的水的温度高达 300℃。就是在这些地方，微生物以矿物质为食，形成了完整的生态系统。

海洋沉积物

在海底，厚达几千米的淤泥层层层堆叠起来，被称作海洋沉积物。这里也能找到细菌的踪迹。

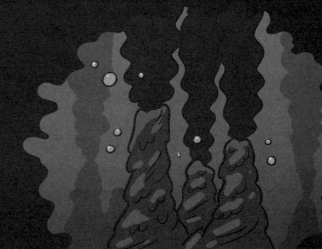

盐湖

　　地球上很多地方都有盐湖，湖水比海水含盐量高好几倍。能在盐湖里生存的生物很少，细菌就是其中之一。

岩石内外

　　细菌和古菌在阿尔卑斯山的岩石表面繁衍生息。它们甚至还会生活在岩石内部，那里黑咕隆咚，一点氧气也没有，细菌就靠矿物质维持生命。

冰川内外

　　尽管冰川寒气逼人，但是有些微生物满不在乎。冰川里含有矿物质，它们便以此为食。

太空

　　总体而言，太空的生存环境最恶劣。太空又冷又黑，到处都是各种人眼难于察觉的高能粒子辐射。但即便是在这样极端的环境里，一些细菌依然可以存活三年，只是无法自我繁殖。这一点已经被国际空间站的研究人员证实，他们是把细菌放置在空间站的外壳上进行的试验。

微生物的生存条件

人类生存需要空气、水和食物，微生物也一样。

水

所有生物都需要水。不过，很多微生物在沙漠或太空等严重缺水的环境中，仍然可以通过深度睡眠长期存活。

温度

虽然有些微生物甚至能在冰冻状态下安心度日，但是大多数微生物更喜欢温暖的居所，通常情况下0~30℃的温度最适宜它们。

光照

有些微生物本身就是活体太阳能电池，单靠光照就能活下来。

空气

空气是混合物，由各种气体组成，包括氮气、氧气和二氧化碳等气体。许多微生物至少需要一种气体才能生存下去，例如大多数真菌需要氧气，而与之相对，藻类则需要二氧化碳。

养分

养分就像微生物的饲料，包括糖、淀粉、木头、石头，同时也包括人类和动物的排泄物。

细胞

　　细胞是构成生物体的基本单位，就像搭建成一座宫殿的一块块积木一样，地球上所有的生物也都是由一个个细胞组成的。人体内有 200 多种不同的细胞，包括肌肉细胞、骨细胞、神经细胞等，细胞总数约为 40 万亿至 60 万亿。

　　细菌是较小的生物，仅由一个细胞组成。每个细胞都含有遗传物质。

基因组：生命密码

　　你可以把基因组想成一张很长很长的纸条，上面写满了文字，文字内容决定了每个细胞的任务、外观、与其他细胞合作的方式、寿命、分裂时间、必须生产的物质等，这就是遗传物质。它决定了一个细胞从开始到死亡的生命周期。缺乏遗传物质的细胞无法生存。

细胞质

细胞膜

含有遗传物质的细胞核

人体内有 200 多种不同的细胞

肌肉细胞

神经细胞

血细胞

骨细胞

皮肤细胞

病毒

组成成分

病毒由一段遗传物质组成，遗传物质的外围是保护性外壳，外壳上到处分布着突起的结构，这就是所谓的刺突蛋白。

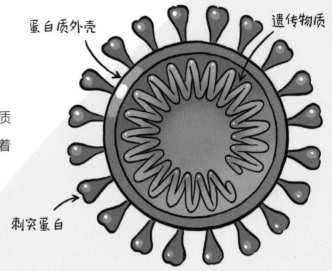

蛋白质外壳

遗传物质

刺突蛋白

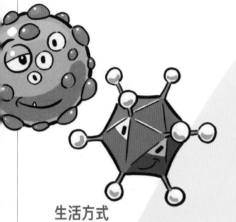

形状

大多数病毒的形状是多面体。多面体是几十个面围成的立体。因此病毒整体呈现出圆形特征。多面体的好处是它们非常稳定。

生活方式

病毒不吃、不喝、不呼吸，可以说跟死了差不多，但是病毒可以繁殖，这显然是它们活着的证据。然而病毒繁殖离不开人类、动物或细菌的活细胞。病毒把自己的遗传物质注入其他生物的细胞中，促使细胞产生新的病毒，也就是说，病毒需要靠其他生物来繁衍。不过，病毒也可以进化，换句话说，它可以发生变异，比如传染性变得更强。尽管病毒具备以上特性，但是它通常不被视作生命，而是近似生命的物质。

大小

病毒是最小的生物，只有细菌的 1/10 乃至 1/100 那么大，它们的平均直径在 20 纳米到 1 微米之间。100 个病毒的直径加在一起和一根头发的直径差不多。

头发的直径 0.01mm

危险性

如果病毒进入人体细胞，它们会进行
繁殖，使人染病，对人来说确实很危险。

战斗

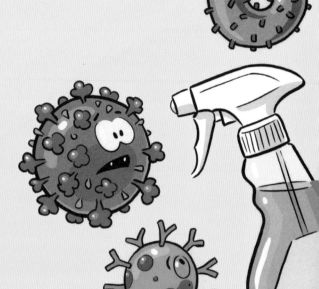

病毒没有天敌，也不会生病，但它无
法永生。大多数病毒在门把手或手机上
只能存活几小时到几天，然后就走到了
生命的尽头，不再对人类细胞构成威胁。
消毒液、清洁剂、紫外线、高温都能加速
病毒的衰变过程，但是低温杀不死病毒。

细菌的天敌、最古老的病毒——噬菌体

地球上最古老的病毒是噬菌体。在地球诞生之初，细菌刚刚出
现，噬菌体也应运而生。在这很久很久之后，恐龙才诞生。噬菌体
是细菌的天敌，在细菌体内繁殖。直到现在，噬菌体依然致力于感
染细菌，而细菌则殊死抵抗，有时噬菌体占据上风，有时则是细菌
处于优势。

噬菌体长得像探险家。有些噬菌体和登月舱类似，身体是多边
形，它可以吸附在任意表面，尾部还配有钻杆，可以把遗传物质
注入细菌体内。

噬菌体能控制细菌的数量，对地球的生态环境至关
重要。有了噬菌体，细菌就不会过度繁衍。

格鲁比得了流感

流感，即流行性感冒，简称流感，是由各种不同病毒引起的一种急性呼吸道疾病，属于丙类传染病。

格鲁比得了流感，病恹恹地躺在床上。体温计显示，他已经烧到了39.5℃！他的脑袋嗡嗡作响，好像有电钻在耳边轰鸣，并且咳嗽得更厉害了。可怜的小家伙难受极了。格鲁比曾经读到过，大多数流感由流感病毒引起。

格鲁比的喉咙痛得火烧火燎。他拖着身子，深一脚浅一脚地走到冰箱前，心想：现在来一口冰镇橙汁再好不过了。突然有人说话："各单位注意，各单位注意，准备对接。"

格鲁比环顾左右，感到莫名其妙："怎么回事？难道我产生幻觉了吗？"倒橙汁时，他又听到了那个声音，"顺利完成对接，即将进入细胞。"格鲁比的大脑昏沉沉的，他叫道："喂，有人在吗？"

那个声音喊道："行动中止！指挥广播受到了信号干扰。"接着又说，"请你停止干扰行动，好吗？"这显然是对格鲁比的请求。

"谁在说话？"格鲁比问。

"请允许我们向你做自我介绍，我们是甲型 H1N2 流感病毒，上周四刚刚变异，已经成功传染了 500 多人。"

"哎呀呀，大事不好了，我的流感在和我说话！"格鲁比自言自语，"我得赶紧去看医生。"但还没等他跌跌撞撞地走到手机边上，就听见那个声音气呼呼地反驳："才不是！我们不叫流感！流感是疾病、是症状，我们是病毒、是微生物，准确来说是流感病毒，懂了吗？"

格鲁比接收不了这么多信息。他一头栽倒在床上，迷迷糊糊地睡着了。

从普通感冒到流行性感冒

大约有 200 多种病毒会引起感冒，有些只会导致轻微感冒或者流鼻涕，另一些则会让人冷得发颤，头痛欲裂，卧床不起。下面是最重要的几种感冒病毒。

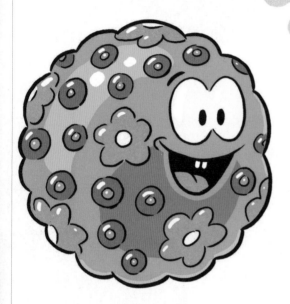

鼻病毒

鼻病毒是最常见的感冒病毒，30%~50%的感冒都由鼻病毒引起。鼻病毒遍布世界各地，只作用于人类。适宜鼻病毒生存的温度在 3~33℃ 之间。温度一高，鼻病毒就无法繁殖。人体的正常体温大约是 36℃，也就是说鼻病毒无法在正常人体内繁衍生息。因此，鼻病毒引发的感冒多半发生在比较冷的那几个月。冬天，冷空气钻进鼻子，寒意刺鼻，此时，鼻病毒如鱼得水，肆意繁殖。

冠状病毒

10%~15% 的感冒或流感由冠状病毒引起。冠状病毒既能感染人类，也能感染哺乳动物，比如蝙蝠、老鼠、猫、狗。有些冠状病毒可以由动物传染给人，也可以由人传染给动物。冠状病毒往往损害肺部，导致呼吸困难，严重时会引起肺炎。

肠道病毒

肠道病毒会引发典型的夏季流感，症状通常比一般的流感要轻。肠道病毒会随粪便排出，通过接触传播，因此上厕所后一定要好好洗手。

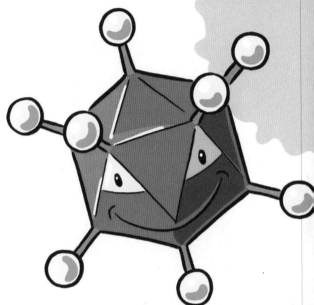

腺病毒

腺病毒会导致呼吸道、膀胱、球结膜感染（即结膜炎）。腺病毒有几百种，有些作用于人类，有些作用于其他哺乳动物。

流感病毒

自古以来，人类就与流感病毒纠缠不休，但至今也不能免疫。

无法免疫的重要原因在于，流感病毒的刺突蛋白几个月就会变异一次，因此每年冬天的流感病毒都和上一年的有细微的差别，考验着人类的免疫系统。为此，每年冬天都有人会得流感。

流感病毒的大小：直径约为 100 纳米。

病毒增殖

　　格鲁比再度睁开眼时，面前的场景很诡异：在他眼前是一大片平面，上面铺着大块的、柔软的、瓷砖一样的东西，这些"瓷砖"上方飘浮着成千上万个圆球，它们的表面看似裹着一层带刺的毛皮。圆球滴溜溜地转着，往四面八方冲撞，但只要一落地碰到"瓷砖"，就紧紧贴在"瓷砖"上，不一会儿便钻了进去。一个圆球擦着格鲁比的头顶呼啸而过，大叫道："喂，这只蓝色的大鸟，快让开！"然后啪的一声掉到格鲁比面前。格鲁比赶紧弯腰躲开。

　　"你们在这里干吗？"格鲁比好奇地问。"别废话！"圆球答道，"我和兄弟姐妹正忙着入侵呢。"

　　这些肯定是流感病毒！它们正在入侵他的咽黏膜。格鲁比这才明白了："这原来就是病毒在我体内的样子。"

突然，"瓷砖地面"动了起来，一个被感染的咽黏膜细胞胀大了。很快，咽黏膜细胞就像痘痘一样，又大又红。它连连呻吟，听起来就像包装袋被撕破的声音。最后，它扑通一声裂开了，里面飞出了几百个新病毒，嗡嗡作响。咽黏膜细胞身心俱疲，瘫倒在地。

"太可怕了，"格鲁比不知不觉说出了自己的想法，"病毒直接攻破了我的咽黏膜。"他不由自主地摸了摸喉咙，仿佛想要安抚咽黏膜。"喂，那边的，你们能不能停手？"格鲁比冲着几个圆球高声喊道。

但是病毒对他的喊叫充耳不闻，兴高采烈地继续入侵。格鲁比恨不得给它们一拳。不过，还没等他出手，身后就传来一个声音："让让，让让！国王座下首席弓箭手、荣获抗体勋章的贝特霍尔德（Berthold）大驾光临！"

025

人体免疫系统是如何工作的?

免疫系统对人类的重要性不亚于心脏、肾脏和肺。如果没有免疫系统,我们就活不下去。免疫系统的作用是保护人体免受致病微生物等"坏人"的侵害。微生物侵入人体的速度很快。如果你划破了手指,刀片或皮肤上的细菌会径直进入血液。血液很温暖,又富含营养物质,简直是细菌梦寐以求的居所!只需要一会儿,细菌就能在血液里快速繁殖,甚至造成血液中毒。

不过不必担心,我们的免疫系统可以防止这种情况发生。免疫系统就像中世纪的城堡,内有坚固的城墙,外有护城河,还有许多骑士和弓箭手殊死抵御外敌。它们协同作战,共同抵抗病菌,保护我们的身体。

城墙(皮肤)

皮肤就是城墙,是人类的第一道防线。通常情况下,细菌和病毒都被挡在皮肤之外。一旦皮肤因为割伤、擦伤等情况受损,城墙就破开了口子,微生物如入无人之境,自由进出人体。因此,受伤后必须赶快清理皮肤,做好消毒工作,用创可贴贴住伤口。

护城河（黏膜）

我们的口腔、咽喉、鼻腔中都有黏膜，类似护城河里充满了水，但它们的保护性弱于坚固的城墙。

如果护城河里缺水，那么入侵者轻而易举就可以攻破城堡。

比如冬天时家里一直在供暖，室内空气会变得非常干燥，黏膜里的水分也会蒸发掉。这就是人在冬季比夏季更容易得感冒的重要原因。

骑士（吞噬细胞）

　　一旦细菌或病毒突破了外围的屏障，就会进入血液。这时，免疫系统会派出骑士军团，人称吞噬细胞。吞噬细胞会吞噬、分解细菌和病毒，解除危机。

学者特奥多尔（Theodor，T 细胞）

　　很多细菌和病毒披上伪装后就能隐身，避开骑士的搜查。这时，学富五车的学者特奥多尔（T 细胞）就登场了。它们会仔仔细细地检查入侵的细菌和病毒，查看它们的武器，记录它们的盾牌和头盔上的徽章，以便确定入侵者的身份，找出伪装中的破绽。一旦 T 细胞掌握了状况，就会向弓箭手传达相关信息。这是击败细菌和病毒唯一的办法。

弓箭手贝特霍尔德（Berthold，B 细胞）

弓箭手贝特霍尔德，即 B 细胞，是免疫系统手下的一支精兵。学者 T 细胞会向它们详细报告入侵者的弱点。一旦 B 细胞获知情报，就开始制造箭矢。这种箭矢很特别，即便细菌和病毒披着伪装，也能精确定位它们。

箭矢（抗体）

这些箭矢被称作抗体，它们的工作方式很特别。当它们射中对手时，可以施展定身术，让对方动弹不得。在绝大多数情况下，一阵箭雨过后，敌人的伪装就失效了，被射中的细菌和病毒将无所遁形。此时，吞噬细胞可以一眼看到它们的敌人，把对方吃掉。

第二个大脑

T 细胞和 B 细胞都能记住敌人的样貌。一旦同一种病毒再在血液里露面，B 细胞立马就开始制作抗体——箭矢。换句话说，这些病毒在免疫系统面前毫无还手之力。此时，人体已经对这种病毒免疫了。

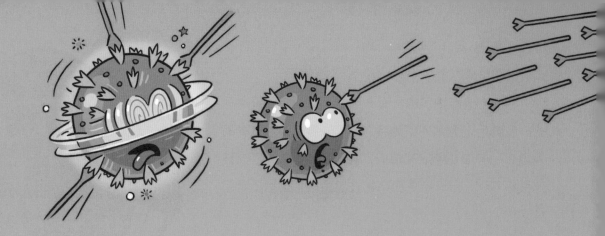

免疫系统开战了

　　格鲁比正想要找到 B 细胞，一个头戴绿色羽毛帽的蓝衣小人站在他面前，他肩背一张紫杉长弓和一袋箭矢。"恕我冒昧，我是 B 细胞贝特霍尔德，隶属于皇家免疫系统。"说着，他向格鲁比深深地鞠了一躬，帽子上的羽毛几乎都垂到了地上。

　　看到援军来了，格鲁比松了一口气。"快快快，别再让病毒摧残我的咽黏膜了！"他心急火燎地催道。

　　贝特霍尔德面露难色："呃，不瞒您说，其实出了点状况。我找不到 T 细胞了。或许您曾经在哪里遇见过他？他是一位贵族，穿着橘色大衣，一只眼睛上架着一个放大镜。"

　　"没见过，除了你之外我谁也没见过。"格鲁比慌慌张张地说。四周的病毒越来越多了，破裂的咽黏膜细胞也越来越多了。"直接拿箭射病毒不行吗？"格鲁比问道。

　　"我的主人哪！这是白费功夫。不同的箭射的是不同的病毒，只有正确的箭才能穿透对应的病毒的防护罩。除非 T 细胞告诉我这里肆虐的是哪种流感病毒，否则我无能为力。"

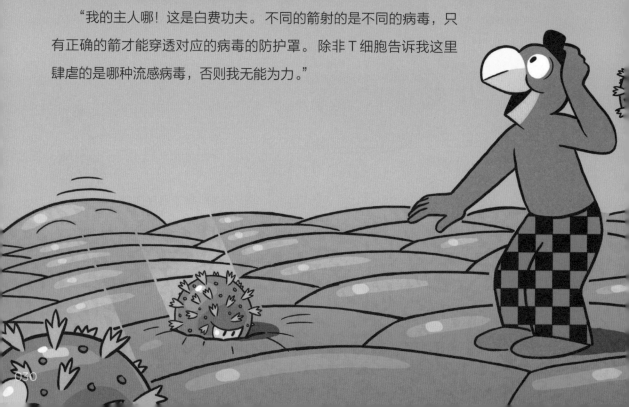

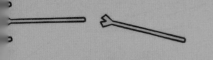

就在说话的当口，T 细胞——学者特奥多尔飞奔赶来，不声不响地递给贝特霍尔德一张纸。"太好了！"贝特霍尔德高兴极了，"是甲型 H1N2 流感病毒。"他把纸叠起来，放入箭袋中。令格鲁比惊掉下巴的是，下一秒，蓝色的箭矢就从箭袋里冒了出来。贝特霍尔德向他解释："这种箭是专门打造的，射中病毒之后不会脱落。"

他取出一支箭搭在弓上。与此同时，这支箭自动复制出了几千支，当箭射出去后，就像射出了漫天箭雨。在开弓放箭的一刹那，所有的箭像一大群鸟儿一样冲向高空，停顿一瞬后呼啸着朝病毒飞去。看到每支箭都射中了目标，格鲁比惊呆了。贝特霍尔德微微一笑，并无夸耀之意："要不怎么担得起国王手下的弓箭手的称号？"

被射中的病毒发出亮光，飞快地转起圈来。格鲁比拍手叫好："棒极了！现在这些病毒就像圣诞树上闪烁的装饰球。"

紧接着，格鲁比听到身后传来一阵隆隆的响声。他转过身，看见一群骑士身披甲胄，手持盾牌和宝剑，向发光的病毒发起冲锋。最前方的一名骑士吼道："以皇家免疫系统之名，受死吧！"一场激烈的战斗打响了。格鲁比问："免疫系统什么时候能取胜呢？""要过好几天呢。"贝特霍尔德回答道，"很多细胞还在源源不断地制造病毒，我现在必须去消灭它们。"说完，贝特霍尔德就告辞了。格鲁比看到，他的弓已经蓄势待发，搭上了下一支箭。

感染流感病毒之后

第一阶段：感染

　　流感病毒和其他病毒一样，会进入人体。一般的感染途径是鼻子、嘴或眼睛。不过在大多数情况下，病毒不是自行进入人体的，人类往往助了它们一臂之力。一般来说，情况是这样的：生病的人握住门把手时留下了许多流感病毒，下一个握住门把手的人就接触到了这些病毒。如果在这个人吃饭或挠鼻子的时候，病毒接触到鼻子、嘴或眼睛，那么就可以说，是自己"引狼入室"了。

　　我们的呼吸也为病毒大开方便之门。当我们呼气时，无数唾沫星子从嘴里喷出，这就是所谓的气溶胶，也是病毒的"空中出租车"。如果有人吸气时吸入了别人的唾沫星子，病毒就会进入这个人的肺部，为所欲为。

　　咳嗽或者打喷嚏时嘴里喷出的唾沫星子体积更大、病毒含量更高，像炮弹一样向外发射，因此病毒传播得更快。

第二阶段：潜伏期

　　感染病毒的人不会马上病倒，可能要过好几天、好几周才会生病。这一阶段称为病毒的潜伏期。病毒可没闲着，它们开始渗透到人的鼻腔、咽喉、肺部、眼睛的黏膜中。病毒繁殖离不开黏膜细胞。它们向黏膜细胞发出制造新病毒的指令，而黏膜细胞毫无反抗能力。一旦黏膜细胞内部充斥病毒，它们就会破裂而死。

第三阶段：出现疾病症状

在这一阶段，免疫系统察觉到入侵者的破坏活动，开始采取防御措施，其中之一是杀死被感染的黏膜细胞。这一项措施需要耗费大量能量，因此人生病时会感到精疲力竭。

免疫系统高速运转时，人就出现了疾病的初期症状，其中之一就是头痛。研究人员还不清楚，为什么患上流感会头痛。不过据大家猜测，是免疫系统产生的抗体导致了头痛。

这些抗体也可能引起发烧。体温超过 36℃ 时，有些流感病毒很难繁殖，因此发烧在病毒战中发挥了积极的作用。

第四阶段：疾病进一步传播

在这一阶段，病人的传染性很强，尤其是他们的唾液中充满了病毒。此时病人最好待在家中，卧床休息。

第五阶段：痊愈

某一刻，人类的免疫系统在病毒战中占据了上风。吞噬细胞将病毒一扫而光，或者抗体挡住了病毒的繁殖之路。于是，病人的病情好转，症状消失。

避免感染病毒和细菌的方法

与前文所述的流感病毒的情形类似，许多病毒在人与人之间的传播途径是说话、唱歌、演奏管乐器、咳嗽或打喷嚏时喷出的唾液液滴或气溶胶。这与细菌的传播途径基本一致。采取以下措施，就可以减少甚至杜绝病毒和细菌的传播。

居家

人待在家中可以避免与陌生人接触，感染风险大大减少，但是要做到这一点并不容易，毕竟人类非常需要社交。要居家生活，人必须改变日常的生活方式，和朋友聊天、开会、上课，大多都改在线上进行。居家生活最极端的形式就是隔离，一段时间内都不能踏出家门。病人如果不是独自居住，应该尽量待在自己的房间内，避免传染给他人。

隔离的起源

中世纪时，鼠疫之类的疾病通常经由海上传到欧洲。为了遏制瘟疫蔓延，威尼斯、热那亚等港口城市最终决定，所有来港船只必须在港口隔离 40 天。在此期间，船上全体人员不得靠岸。在意大利语中，40 称作"quaranta"，由此衍生出了单词（德语）"Quarantäne"，意为隔离。

当时的隔离措施非常不严格。一方面，富商买通了检查人员，可以随时离船；另一方面，鼠疫由老鼠传播，而这些啮齿类动物想要偷偷跳下甲板是再容易不过的了。因此，尽管采取了隔离措施，鼠疫还是蔓延开来了。

保持安全的社交距离

如果不能居家生活，保持安全的社交距离就很关键。这样一来，病毒就不能远程传播了。安全的社交距离在1.5米以上。

勤洗手

每次触摸物体时，我们身上的病毒都会污染物体表面，同时，我们也会接触到病毒。也就是说，物体表面就是病原体的集散中心。因此，我们要勤洗手，勤消毒，这样就能杀死大多数的病原体。

房间通风

教室、办公室、会议室、音乐厅、商店等都应该定期彻底通风，这样，室内空气连同病毒和气溶胶都能与外界的新鲜空气交换。除非空调能从外界源源不断引入新鲜空气，否则，单纯的室内空气循环起不到通风的作用。

戴口罩

正确戴口罩可以保护自己，也可以保护他人。

	围巾	医用口罩/外科口罩	3M口罩/不带阀口罩	3M口罩/带阀口罩	布口罩
保护戴口罩的人	有点作用	是	是	是	有点作用
保护周围的人	有点作用	是	是	否	是

第二次鼠疫大流行
"黑死病"
1334—1353 年

第一次鼠疫大流行
查士丁尼大瘟疫
541—750 年
期间多次暴发

第三次鼠疫大流行
1894—1959 年

天花
1520—1600 年

病原体：鼠疫杆菌
传播方式：（老鼠身上的）跳蚤传播、人传人
影响范围：全球

病原体：天花病毒
传播方式：人传人
影响范围：全球

人类历史上的七次大瘟疫

由病毒、细菌或其他微生物引起的严重疾病失控，蔓延全球，这一幕在人类历史上不断重演。

全球多个国家无数人被感染，数以百万千万甚至上亿人丧生，这种情况称为瘟疫。下面举出了过去 2000 年中流行过的七次大瘟疫及其发生的时间。

西班牙流感
1918—1920 年

俄国流感
1889—1892 年

亚洲流感
1957—1958 年

病原体：流感病毒
传播方式：人传人
影响范围：全球

鼠疫

　　鼠疫由细菌引起。以老鼠为首，许多野生动物都会感染鼠疫。在过去2000年里，鼠疫不断由动物传染给人。跳蚤叮咬感染了鼠疫的老鼠，吸它们的血后，如果再跳到人身上叮咬人，细菌就会侵入人的血液。除此之外，鼠疫也可以通过人传人。现在，鼠疫并没有灭绝，不过有了抗生素，鼠疫不再是绝症。而且，很多国家的卫生条件大为改善，老鼠很难繁衍生息。即便大城市里仍有许多老鼠，它们通常都躲在下水道里，藏头匿尾，很少接触到人。

　　不想感染鼠疫，就不要乱扔食物残渣，以免引来老鼠。城市里必须好好清理垃圾、处理污水，尽量不给老鼠留口粮。

　　在人类历史上，有三次世界大流行的鼠疫，造成了数以亿计的人死亡，也间接推动了人类社会的发展和时代的更替，同时推动了传染病的防治方法的产生。

埃博拉病毒

埃博拉病毒会引发埃博拉出血热，30%~90%
的感染者会死于这种重症。埃博拉病毒得名于非
洲刚果民主共和国的埃博拉河。20世纪70年代，
这种病毒在埃博拉河沿岸首次出现，引发了瘟疫。
得病的初期症状与普通流感相同，紧随而来的是高热，
同时伴有内部出血。埃博拉病毒源于多种当地野生动物，人
们捕食这些动物（所谓的"丛林肉"）后就会感染病毒。因此，
埃博拉出血热多发于贫困的非洲国家。人传人的主要途径是接触
传染。不过，只要保持安全的社交距离，对桌子或门把手等物体的
表面进行消毒，就可以杜绝传播。

人类免疫缺陷病毒 (HIV)

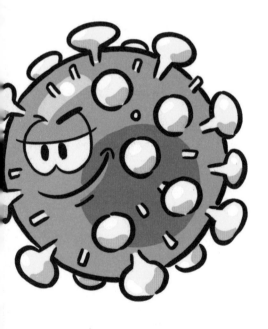

人类免疫缺陷病毒通常缩写成HIV。它引发
的瘟疫持续时间长、覆盖面积大，死亡人数已经达
到3600万。20世纪80年代初早已发现了这种病
毒，然而至今仍没有研发出疫苗。这种病毒会导致
艾滋病，全称是获得性免疫缺陷综合征。在发病过
程中，免疫系统会经年累月受到破坏。病患往往死
于不起眼的细菌感染，或者病患体内形成了恶性肿
瘤，由于免疫系统不再奏效，病患最终死于肿瘤。

艾滋病传播方式有血液传播、性传播、母婴传
播。最常见的感染途径就是无保护措施的性行为。
使用安全套可以有效避免感染HIV。

微生物的发现历程

公元前 6 世纪时，起源于印度的耆那教便宣称，世上遍布肉眼不可见的微小生物。这是人类历史上第一次提到微生物。

出生于科斯岛的希腊医生**希波克拉底**（公元前 460 年—前 370 年）认为瘴气是病原体。人们认为，瘴气就是土壤或水体产生的有毒气体。直到德国医生**罗伯特·科赫**发现细菌是病原体，瘴气理论才成为历史。

罗马通才**马库斯·特伦提乌斯·瓦罗**（公元前 116 年—前 27 年）在有关农业的书中写道，建造房屋时应远离沼泽，因为沼泽中存在"人类肉眼看不到的小动物"。这是西方第一次提出可能存在微生物。

波斯博学家**阿维森纳**（980年—1037年）在他的医学著作中提出，结核病等疾病可能有传染性，但他不知道具体的传染方式。

意大利博学家**吉罗拉莫·弗拉卡斯托罗**（约1478年—1553年）提出，疾病可能是通过"病菌"传播的。"病菌"非常小，肉眼根本看不见。弗拉卡斯托罗是第一个用拉丁语virus（病毒）称呼病菌的人。另外，他假设病菌的传播途径是直接接触病人、接触感染，乃至隔空（空气）传播，这些假设都成立。

1620年左右，荷兰人发明了显微镜。第一个造出显微镜的人是谁已经无从考证。首批显微镜成像非常模糊。

1676年，荷兰人**安东尼·菲利普斯·范·列文虎克**（1632年—1723年）使用只有一个透镜的自制简易显微镜，首次观察到了细菌。

英国学者**罗伯特·胡克**（1635年—1703年）潜心研究微观世界，多次观察细菌等微生物。1665年，他出版了名作《显微术》（*Micrographia*），内附大量插图，绘有苍蝇的复眼、植物细胞和跳蚤。微观世界第一次呈现在公众面前。胡克还定义了"细胞"这一概念。

意大利生物学家**拉扎罗·斯帕兰扎尼**（1729年—1799年）发现，加热液体会杀死其中所有的微生物。

法国科学家**路易斯·巴斯德**（1822年—1895年）在斯帕兰扎尼的基础上继续研究，发现微生物可以通过空气传播。著名的"巴氏消毒法"即以他的名字命名：把食物加热到60℃~100℃，可以杀死所有的微生物，延长食物的保质期。

德国微生物学家**费迪南德·科恩**（1828年—1898年）把细菌分为不同的群、属、种，确立了细菌的分类法。

德国医生**罗伯特·科赫**（1843年—1910年）发现，许多疾病都由微生物引起。他因此发现，病牛的血液中含有许多细菌。他把病牛的血液注射进健康的母牛体内后，健康的母牛也病倒了，在它的血液中也发现了细菌。这项实验证明细菌就是病因。

拜访病毒学家

格鲁比痊愈了。现在，他想多了解一些关于病毒的知识，于是他来到了苏黎世大学的实验室。

病毒学家埃丝特·菲施利接待了他："格鲁比，你来得正好。我们正在开发治疗新冠病毒感染的药物，你可以来搭把手。""来得早不如来得巧。"格鲁比暗自思忖，穿上了实验服。

他的面前整整齐齐地摆着若干塑料盒，每个盒子都有几百个小方格。"不同的小方格里是不同的药物，"埃丝特解释道，"现在，我们在每种药物上都放上人体细胞，再在细胞上放上新冠病毒。如果药物起作用，病毒就无法入侵并感染细胞；如果药物没有作用，几小时内细胞就会感染病毒。"

埃丝特往小方格里注入人体细胞后，向格鲁比演示如何继续加入病毒。"用这种移液器，"埃丝特说着，举起一根长长的细管子，管子顶端带有粗大的手柄，"就可以把病毒从营养液里吸起来，在每个小方格里滴半滴。"

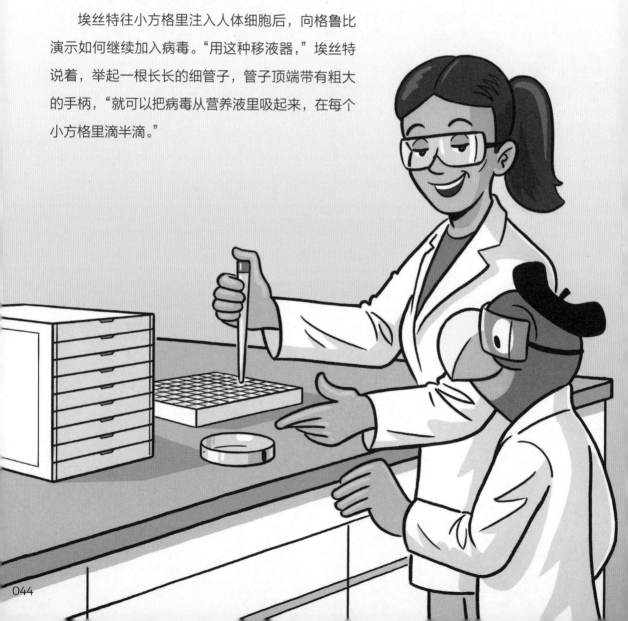

　　格鲁比小心翼翼地弯下腰，俯身看着容器里的病毒，它们骚动不已。格鲁比听见它们说："喂喂，别挤别挤，排好队，轮流来。我们在实验室呢，这里没有消毒液，我们安全极了。"格鲁比试着用移液器吸病毒，这下可捅了马蜂窝："注意，注意！吸管来啦！看我看我！我来！我来！"

　　移液器的手柄背面有按钮，格鲁比按下按钮后才能吸上液体。他吸上一小管带病毒的液体后，依次加入小方格中。

　　在大多数小方格中，病毒似乎没有受到什么影响。一个病毒欢呼雀跃："妙极啦！这里有水杨酸，我爱死了。能不能再多来点？"另一个病毒泰然自若："哦哦，我这里是扑热息痛（对乙酰氨基酚）。嗨，碍不着我。再来点也无妨。"还有一个病毒叫苦连天："糟了，是砷！为什么倒霉的总是我？我的外壳好痒好痒！喂喂，那边的，有没有软膏借我涂涂？"

　　这一天，埃丝特和格鲁比试验了 100 种药物，然而没有一种可以延缓新冠病毒的感染进程，更不要说防止感染了。埃丝特说："好了，明天继续。再试 5900 种药物就行了。"格鲁比佩服极了，埃丝特可真有耐心，不达目的不罢休。

天花疫苗是如何发明的?

应对病毒的有效方式是接种疫苗。虽然也有针对细菌的疫苗,但效果不太显著。抗生素对细菌更有效。

接种疫苗后,免疫系统会学习辨认病毒表面的刺突蛋白,迅速产生相应的抗体。也就是说,接种疫苗后,免疫系统打的就不是无准备之仗了。

天花的历史非常悠久,至少可以追溯到 12000 年前,那时欧洲还处于冰河时代末期。1800 年前后,天花还是恶疾,到处蔓延。感染天花后,皮肤上会起很多水疱,水疱里充满了恶臭的脓液。最终,水疱会破裂,即使痊愈,也会留下明显的疤痕。病人感染天花后往往会毁容,三分之一的天花患者会死亡。

1800 年前后,天花疫苗就已经问世。天花疫苗是早期发明的疫苗之一。最早发明天花疫苗的是英国医生爱德华·詹纳。他注意到,挤奶女工与母牛朝夕相处,很少得天花。

不过，她们手上往往因为牛痘起水疱，非常不雅。牛痘与天花关系紧密，但对人体基本无害。

詹纳提出假设，认为感染牛痘的人对天花免疫。他在自家园丁的儿子身上做试验，想要验证他的猜想。他轻轻划破了这个男孩手臂上的皮肤，从挤奶女工手上挤出一点牛痘水疱脓液，抹在男孩的伤口上。

过了几周，詹纳再度划破了男孩的手臂，这一回他涂的是天花水疱里的脓液。男孩并没有得天花，证明他已经免疫了。就这样，詹纳发明了天花疫苗。随后的几十年里，民众广泛接种天花疫苗，最终根除了天花。

天花疫苗的工作原理是这样的：牛痘病毒与天花病毒的刺突蛋白非常相似，免疫系统从无害的牛痘病毒那里获知了天花病毒的刺突蛋白的长相，产生的抗体既能对抗牛痘病毒，也能对抗天花病毒。哪怕是现在，疫苗的工作原理也是一样的，关键在于告诉免疫系统病毒（或细菌）的样子。一般来说，几天或者几周之后，疫苗才会起效，之后通常终身免疫。

但是也有疫苗必须每隔一段时间重新接种。这也就意味着，人们必须经常接种疫苗，因为如果免疫系统长期"见"不到病原体，就会忘记它们长什么样子。例如细菌引起的破伤风，致死风险不低，每隔 20 年就必须重新接种一次疫苗。

"接种"这一概念的由来

爱德华·詹纳将接种牛痘的过程称为"接种"，英语写作 vaccination。这个单词是由拉丁语中的 vacca 衍生而来的，vacca 意为"母牛"，vaccination 的字面意思就是"种痘"。

接种疫苗后会发生什么?

让我们回过头来,看看接种疫苗后,人体血液里发生了什么。嘘,这里正在打疫苗呢。医生刚刚用注射器打了一针疫苗,免疫系统的反应可激烈了。

城堡的国王发现敌情后,立即下令:"各单位注意,各单位注意,发现敌人入侵!敌人已经攻破了城墙。进入一级警备状态。所有骑士各就各位!"骑士(吞噬细胞)从四

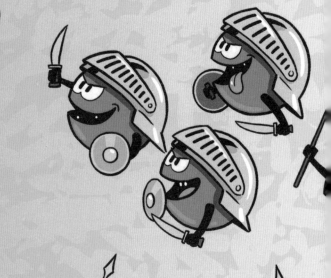

面八方蜂拥而来,他们已经武装到了牙齿。看,他们发现入侵者了。"敌人在那里!冲啊!"骑士们大喊着,扑向敌人。

但他们随即愣住了。这帮敌人看起来毫无斗志,前进时有气无力,提着的盾牌破破烂烂,手里的剑一点也不锋利,甚至好些都断了。

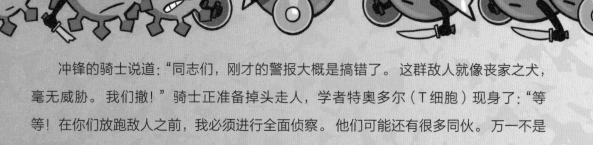

冲锋的骑士说道:"同志们,刚才的警报大概是搞错了。这群敌人就像丧家之犬,毫无威胁。我们撤!"骑士正准备掉头走人,学者特奥多尔(T细胞)现身了:"等等!在你们放跑敌人之前,我必须进行全面侦察。他们可能还有很多同伙。万一不是所有敌人都这么潦倒呢?"

特奥多尔侦察第一个敌人。他仔仔细细地测量了敌人盾牌的宽度、护甲的厚度、头盔的大小。他甚至找到了敌人用于伪装身形的斗篷的一块碎片，如获至宝，里里外外研究了一遍，做了大量笔记。

骑士在旁边看着特奥多尔没完没了，不耐烦起来："我们能走了吗？大家伙都饿了，城堡今晚供应猪肉呢。"特奥多尔点点头："你们走吧，我已经弄完了，现

在只要把情报告诉弓箭手贝特霍尔德（B细胞），他就能造出恰当的箭矢（抗体），一举击溃这帮乌合之众。记得给我留块猪肉！"

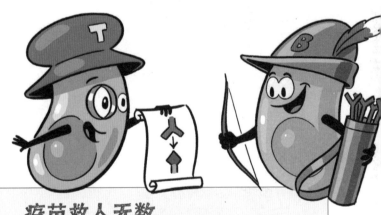

疫苗救人无数

在许多国家，接种疫苗属于基本医疗卫生服务。两个月大的婴儿就已经到预防接种部门接种了若干疫苗。疫苗针对 6 种病毒和细菌，包括脊髓灰质炎病毒（导致小儿麻痹症）、破伤风细菌（导致破伤风）、白喉杆菌（导致严重腹泻）、百日咳杆菌（导致百日咳）、流感嗜血杆菌（可导致婴儿患上脑膜炎）、乙肝病毒（最糟糕的情况下，会损伤大脑）。

也就是说，人在婴儿时期已经对上述病原体都产生了免疫，到了儿童阶段还会接种各种疫苗。接种疫苗成效显著，如果没有疫苗，世界上每年的死亡人数会高达 300 万人。很多贫困国家的基本医疗卫生服务得不到保障，无法保证接种疫苗。单单因此而死的人数，每年就达到了约 150 万人。

疫苗的研发过程

接种疫苗的目的是告诉免疫系统，病毒外表的刺突蛋白长什么样子，免疫系统知道之后就能产生相应的抗体。如今，研发疫苗的方法多种多样。

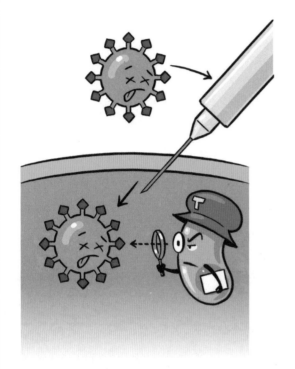

以下两种疫苗历史悠久。

灭活疫苗

把病毒注射进鸡蛋，让它们在里面繁殖，然后提取病毒，进行清洁，通过高温或化学品杀死病毒。这样一来，病毒就失去了致病能力。把灭活的病毒注入人体，免疫系统会把它们识别为威胁，从它们身上了解刺突蛋白的长相。

载体疫苗

提取有害病毒中刺突蛋白的基因序列，移植到另一种无害的病毒中，无害病毒的表面就会长出和有害病毒一模一样的刺突蛋白，但无害病毒不会让人生病。把制备好的无害病毒注入人体内，免疫系统就能稳稳当当了解到有害病毒的刺突蛋白的样子了。

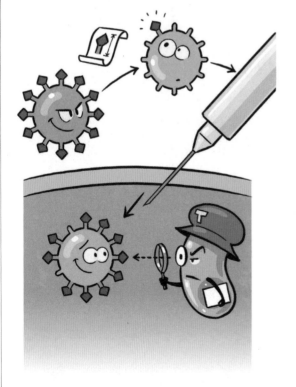

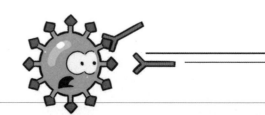

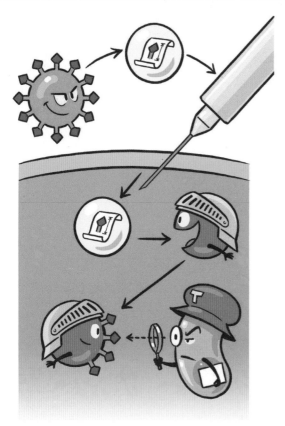

以下两种疫苗大约10年前发明，在新冠病毒感染中第一次投入使用。

mRNA 疫苗

提取有害病毒中刺突蛋白的基因序列，打包塞入脂肪小球，把后者直接注入血液。此时吞噬细胞登场，一口吞下小球，读取基因序列，在自身表面长出了刺突蛋白。T细胞（学者特奥多尔）闻讯而至，调研刺突蛋白。这样一来，免疫细胞就知道刺突蛋白长什么样子了。

重组蛋白疫苗

把有害病毒的刺突蛋白的基因序列注入体外的人体细胞。将大量细胞放置在生物反应器内。此时细胞开始产生刺突蛋白。之后把细胞从生物反应器里过滤出来，进行清洁，制成疫苗。刺突蛋白本身对人体无害，免疫系统可以轻轻松松识别它们的长相。

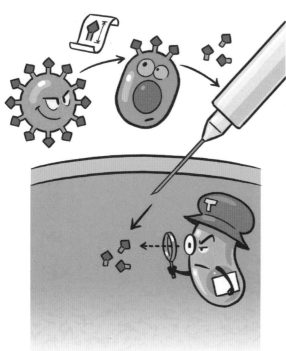

细菌

组成成分

细菌是单细胞生物，外有细胞壁和细胞膜保护，内有遗传物质。

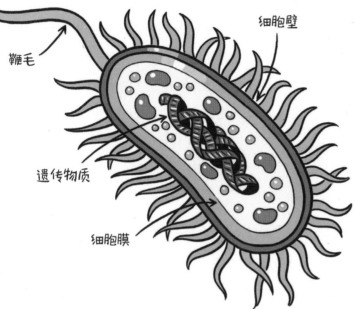

鞭毛

细胞壁

遗传物质

细胞膜

大小

细菌的大小差异很大，小的只有 0.6 微米，大的有 700 微米，大小相差超过 500 微米。大多数细菌比病毒大 10~100 倍。

形态

细菌形态各异。有些细菌看起来像小棍子，有些像珍珠项链，有些呈螺旋状，有些像蠕虫。各种形状的细菌有特定的名字，比如球形的细菌叫"球菌"，棍状的细菌叫"杆菌"。

生活方式

　　细菌无处不在：土壤里、植物中、动物体表、动物体内、人类体表、人类体内、汽车上、门把手上、手机上、海里、海底、空气中，等等。由于生活地点不同，它们的食谱也不同。有些吃糖，有些吃木头和园艺垃圾，有些吃石头，还有一些可以像植物一样进行光合作用，以光为食。细菌不分雌雄，直接分裂就可以繁殖。有时，细菌10分钟就能分裂一次。按这个速度，一个细菌3小时内就能复制出成千上万个细菌。

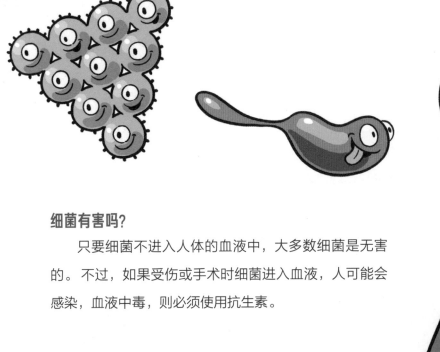

细菌有害吗？

　　只要细菌不进入人体的血液中，大多数细菌是无害的。不过，如果受伤或手术时细菌进入血液，人可能会感染，血液中毒，则必须使用抗生素。

微生物对人类的影响

　　我们身体内外的细菌数量比细胞还多，也就是说，我们基本上就是行走的细菌集合体。一咖啡勺的肠道内容物含有的细菌比银河里的星星还多。

　　人体某些部位的微生物不可或缺，另一些部位的微生物则惹人生厌。目前，科学还不能解开所有的谜团。

皮肤

　　人体占据面积最大的器官是皮肤，上面密密麻麻全是细菌和真菌，它们喜欢吃汗液、分泌的皮肤油脂和死去的皮肤细胞。

　　皮肤上的微生物对免疫系统有利，可以避免致病的微生物在皮肤上安营扎寨，进入血液中。

黏膜

　　黏膜主要位于鼻腔和咽喉。当我们呼吸时，这些黏膜上的微生物会不断被空气中的微生物更新。如果空气中有病毒，那么病毒可能会通过黏膜侵入人体。然而，黏膜和皮肤一样，都有微生物，从而保护人体不受疾病侵袭。

口腔

　　口腔与咽喉温暖湿润，非常适宜微生物生存。有些微生物喜欢吃口腔里的食物残渣，它们进食时会产生酸性物质，腐蚀我们的牙齿。

　　还有一些微生物会导致口臭。有人尝试置换口臭患者口腔中的细菌以消除口臭。勤刷牙、多喷口气清新剂，也能改善口气。

肺

　　早些年，人们认为肺里没有细菌，然而事实并非如此。新近的研究表明，肺里存在大量微生物。目前还不清楚它们有什么作用。

性器官

　　女性的生殖器官里有很多微生物，它们在分娩过程中发挥着重要的作用。胎儿在子宫里时处于无菌的环境。一旦胎儿从阴道里出生，就会接触到这些微生物并将这些微生物吸入体内，相当于新生儿接种了这些微生物。

脚趾缝

　　白天穿鞋的时候，脚趾缝非常暖和，有时还有点潮湿。细菌很喜欢这种环境。坏消息是，真菌也很喜欢。对人而言，脚上的真菌毫无用处，十分讨厌。比如脚气，既让人难受又有传染性。

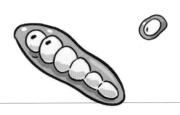

肠道

细菌有助于消化食物。它们会分解淀粉、糖类、蛋白质等物质，以便人体通过肠壁把营养物质吸收进血液里。此外，细菌还会生产各种维生素，例如叶酸、维生素 B_2、维生素 B_{12}、维生素 K。由于上述理由，肠道细菌对人类不可谓不重要。

这些细菌（又称肠道菌群）也有助于维持身体健康。肠道面积很大，容易遭到沙门氏菌等有害微生物攻击。但只要肠道表面布满"好"细菌，居心叵测的入侵者就无法附着在肠道上，它们会被一脚踹开。

人们怀疑肠道菌群与多种疾病相关，因此正在集中进行相关研究。譬如，一般认为肠道菌群是糖尿病的发病原因。它们甚至与大脑相关的疾病有关。维生素 B_3 在肠道合成，可以通过血液流入大脑，在一定程度上可以治疗某些神经系统疾病。研究人员还在努力探索这之间的种种关联。

顺便一提，可以通过多样化的饮食丰富肠道菌群的种类。饮食越新鲜、品种越丰富，消化这些食物的细菌种类就越多样。与之相对，如果只吃方便食品或快餐，肠道里的细菌种类就会少得多。

我不是微生物！

虽然我们身体内外有大量的细菌，但我们看起来还是个人，而不是细菌集合体。这是因为皮肤细胞、骨细胞、肌肉细胞比细菌大得多。这一点也反映在体重的比例上。人身上所有的细菌加起来，重量只占体重的大约 3%。以成年人为例，体内外的细菌的总重量在 2~3 千克。

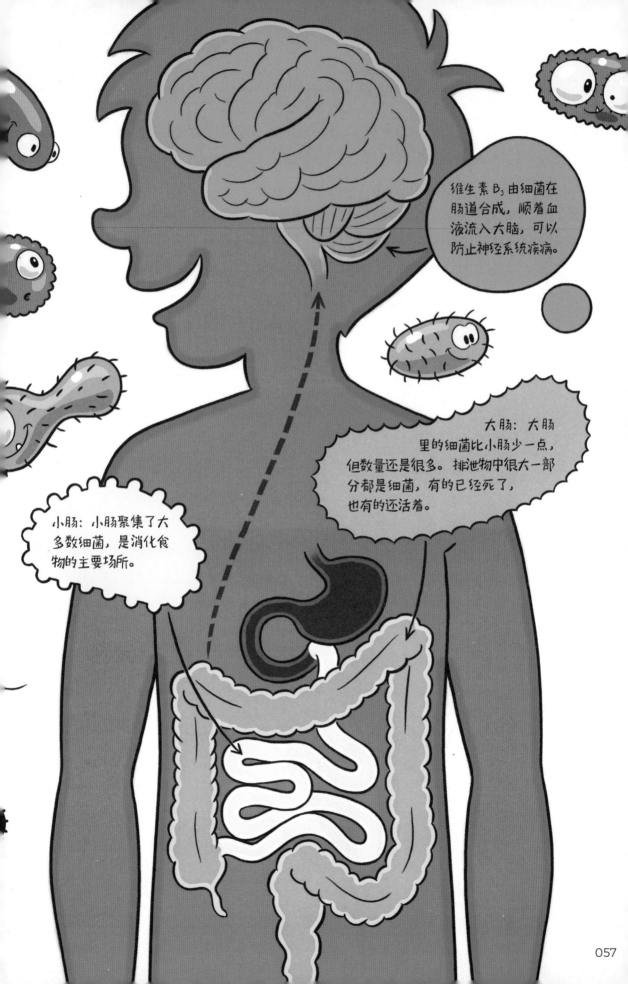

抗生素大战细菌

20世纪初,人们的寿命通常在40~50岁之间。寿命不长的重要原因是,当时的人因为一点点感染就会轻易送命。

人们潜心研究,寻找治疗方法,但过了很久都一无所获。炎症的治疗方法始终是用剧毒的水银涂抹全身。虽然这种方法可以杀死细菌,但也会致使许多人体细胞中毒,可能会导致脱发、牙齿脱落、器官衰竭。

此时,英国细菌学家亚历山大·弗莱明也在研究炎症问题。他在琼脂板上培养细菌,试验了许多化学药品。

他发现,尽管化学药品能对细菌起效,但是它们同时会杀死吞噬细胞和T细胞。吞噬细胞和T细胞都是免疫系统的一部分,在对抗细菌时不可或缺。也就是说,这些化学药品首先削弱了人体的免疫系统。

一切都因一个偶然的发现改变了。1928年，弗莱明度假归来，发现实验室的琼脂板上多了一种原本不存在的真菌。有趣的是，真菌周围空出了一片区域，没有细菌滋长。最终，弗莱明发现，这种真菌分泌出的物质会妨碍细菌生长，甚至直接杀死细菌。这种真菌属于青霉菌属，因此弗莱明给它起名青霉素。

弗莱明继续研究，发现青霉素药性很强，即使稀释1000倍，也能有效对付细菌。而且青霉素对人体完全无害，既不会伤害吞噬细胞，也不会伤害T细胞。抗生素诞生于发现青霉素的那一天。然而，十多年后，青霉素才能批量生产，第一批工厂开始投入运营。第二次世界大战（1939—1945年）期间，青霉素最终实现大规模生产。新药品不仅挽救了无数在战争中受伤的士兵的生命，而且救治了世界各地成千上万的病人。

青霉素

抗生素耐药性的危害

目前，世界上有几十种抗生素，每种抗生素针对的细菌或真菌都不同。不过，很多菌株已经对抗生素产生了耐药性，也就是说抗生素不起作用了。亚历山大·弗莱明一开始就指出了这种风险。二十世纪四五十年代，抗生素耐药性已经泛滥成灾。但是菌株怎么会发展出耐药性呢？

原因之一在于抗生素实在太好用了，医生碰到什么病都开抗生素，哪怕病人根本用不上。虽然抗生素杀死了大量细菌，病人也迅速康复，但是与此同时，细菌逐渐对抗生素产生了免疫，抗生素则不再起效。

另一大问题是肉类生产。圈养的牛、猪、鸡通常生活在不干净且过度拥挤的环境中。因此，人们会给它们打很多抗生素来保持身体健康。这些家畜身上的细菌接触了各种各样的抗生素，并产生了抗药性。

果树会生火疫病，抗生素不仅被用来对付果树的火疫病病菌，而且医院里也使用这种抗生素。

种种因素导致现在出现了同时耐受多种抗生素的细菌，它们被称为"多重抗药性细菌"。由于药物对这种细菌不再起效，全球约 100 万人都因此死亡。

目前，研究人员针对耐药性问题只能提出一个解决办法，就是尽量少用抗生素，不管是医药行业，还是食品生产业和农业。与此同时，研究人员正在研发新的抗生素。

通过动物传人的各种疾病

许多致人生病的微生物都源于动物，这种病被称为人畜共患病，在人与动物频繁接触的地方成了大难题。病毒、细菌、真菌都能从动物传染到人身上，宠物和家畜也不例外。动物本身通常不会出现患病的症状，但它们体内携带病原体。下面举几个例子。

通过猫传播

弓形虫病

病原体： 是猫的肠道内的单细胞寄生虫。

传播途径： 弓形虫卵会随猫粪排出体外，通过口腔和呼吸道进入人体。

可能的后果： 子宫内的胎儿可能会受到严重的负面影响，出生即残疾，甚至胎死腹中。成人患病通常不会表现出症状。

防治措施： 使用抗生素。孕妇应尽量避免接触猫。

多杀巴氏杆菌

病原体： 是猫的唾液中的细菌。

传播途径： 通过咬伤传播。

可能的后果： 血液中毒、脑膜炎。

防治措施： 使用抗生素。

通过狗传播

狂犬病

病原体： 是狗的唾液中的病毒（也可以通过其他哺乳动物传播，如狐狸、猫、蝙蝠等）。

传播途径： 通过咬伤传播。

可能的后果： 症状类似流感，可能导致脑膜炎、中风、暴力行为。死亡率很高，目前还没有好的治疗办法。

防治措施： 被咬后打狂犬病疫苗。

通过狐狸传播

狐绦虫病

病原体：是狐狸的肠道内的绦虫卵。

传播途径：绦虫卵随粪便排出。

可能的后果：疲劳、黄疸，感染后不治疗的话必死。

防治措施：驱绦虫药。

通过蝙蝠传播

埃博拉出血热

病原体：是埃博拉病毒，可能源于非洲的蝙蝠或狐蝠。

传播途径：通过接触蝙蝠的体液传播，例如将蝙蝠加工成食物时接触到蝙蝠血。

可能的后果：高热，身体内出血，外出血，呼吸困难。 患者的死亡率在 30%~90% 之间。

防治措施：疫苗。

通过禽类（鸡、鸭、鹅）传播

禽流感

病原体：是禽类的口腔黏膜、咽喉黏膜、血液中的流感病毒。 这种流感通常只感染禽类，如鸡、鸭、鹅、野生水鸟等。

传播途径：通过飞沫或粪便传播。 有些禽流感病毒变种可以传染给人。

可能的后果：高热、咳嗽、喉咙痛、呼吸困难。

防治措施：没有疫苗，送医只能缓解症状。

通过蜱虫传播

莱姆病

病原体：是蜱虫的唾液中的疏螺旋体细菌。

传播途径：通过蜱虫叮咬传播。

可能的后果：损伤关节、器官、神经系统。

防治措施：注射抗生素。

初夏脑膜炎（FSME）

病原体：是蜱虫的唾液中的 FSME 病毒。

传播途径：通过蜱虫叮咬传播。

可能的后果：疲劳、关节疼痛、头痛。

防治措施：接种疫苗预防。

通过蚊子传播

疟疾

病原体：是疟原虫——蚊子的唾液中的单细胞寄生虫。只有蚊虫肆虐的地方才会有疟疾。

传播方式：在雌性疟蚊叮咬时，疟原虫会进入人体血液。

可能的后果：高热、头痛、寒战、痉挛。全球每年有 2 亿人可能感染疟疾，是最高发的传染病。

防治措施：目前尚无疫苗，但世界各地都在加紧研发。2015 年 10 月，中国本土科学家屠呦呦获得诺贝尔生理学或医学奖，理由是她发现了青蒿素，该药品可以有效降低疟疾患者的死亡率。她成为首获科学类诺贝尔奖的中国人。

寨卡热

病原体：是蚊子的唾液中的寨卡病毒，主要活跃于热带地区。

传播途径：通过雌性埃及伊蚊叮咬传播。

可能的后果：20% 的感染者会发烧、关节疼痛、肌肉疼痛。大多数症状几天后会自行消失。孕妇感染寨卡病毒后可能严重损害胎儿的大脑。

防治措施：没有疫苗，也没有治疗方法。

通过多种动物传播

沙门氏菌病（副伤寒）

病原体：肉、蛋、奶、鱼中的杆状细菌。沙门氏菌栖身于被感染的动物的肠道内，会在食品加工时污染食物。

传播途径：食用沙门氏菌污染过的食物，或者接触带有沙门氏菌的粪便（比如在鸡舍）。

可能的后果：呕吐、腹泻。通常几天后就会自行痊愈。

防治措施：如果出现较为罕见的重症，需要使用抗生素。

弓形虫

　　弓形虫是单细胞寄生虫，会引发弓形虫病。如果弓形虫在猫的体内安营扎寨，就会繁衍生息，遍布猫的全身。到了一定的时候，猫会将弓形虫连同粪便一起排出体外。这时，如果老鼠或者鸟类接触到甚至吃了猫的粪便，就会变成弓形虫的中间宿主。弓形虫会在中间宿主的体内继续繁殖。在此期间，弓形虫会改变啮齿动物的行为模式：它们不再怕猫了。如此一来，老鼠被猫吃掉的概率大大增加。弓形虫自然乐见其成，毕竟它又回到了快乐老家。一般来说，猫不会表现出任何得病的症状，在第一次接触弓形虫之后就会对它产生免疫。人感染弓形虫之后也可能成为中间宿主。在大多数情况下，患上弓形虫病不会有任何症状。得病后，人也会对弓形虫产生免疫。据统计，世界上 30% 的人都得过弓形虫病。

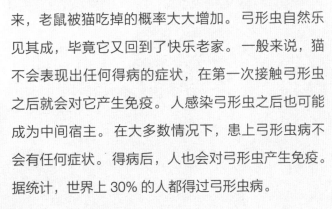

环境与疾病

人类改造环境后，新的疾病可能会出现。农业扩张、人类活动范围扩张，这些都带来了严峻的问题。在世界多地，人类不断向自然深处拓展，侵入热带稀树草原和原始森林，开发耕地，建设村庄，致使野生动物的栖息地不断萎缩。

野生动物吃了上顿没下顿，只好到人类的聚集地觅食。这些过去与人类文明从无交集的野生动物开始越来越多地与人类接触。同样地，它们和家畜、宠物，如牛、狗、猫等动物也有了更多接触，这就导致新的病原体既可以感染家畜和宠物，也可以感染人类。

当人在未开发区域猎杀并食用野生动物时，风险最高。在接触、运输猎杀的野生动物时，在加工、食用野生动物时，新型病毒会迅速传播到人身上。

动植物病害

动植物同样会因微生物而生病。有时，一整群兔子、牡蛎或蚜虫都可能受到攻击而死亡。微生物也会破坏林地和果园。动植物可能会因微生物引发的病害濒临灭绝。

但病害不一定是坏事。病害可以防止特定的动植物过度扩张，维持物种间的平衡。

兔瘟

兔瘟也叫兔黏液瘤病，由与天花病毒同族的兔黏液瘤病毒引发，家兔、野兔都难以幸免。病毒通过蚊子、跳蚤等昆虫叮咬传播，或在兔子互相嗅闻等直接接触的场合传播。兔子得病后会食欲不振，眼睑肿胀发炎，最终，在大多数情况下会走向死亡。

壶菌病

壶菌病影响着世界各地的许多两栖动物，其致病菌是壶菌，主要感染两栖动物的表皮，使它们无法吸收水、矿物质和空气中的氧气。大多数两栖动物感染后都会死亡。壶菌病是全球两栖动物数量下降的罪魁祸首。壶菌病的起源尚不清楚。有说法称壶菌病起源于非洲爪蟾。20世纪上半叶，世界各地都用非洲爪蟾做实验，或许病原体就是这样遍布全球的。在传播过程中，壶菌还发生了变异，危险性增强。

食虫真菌

全世界有上百种食虫真菌，它们专吃蝗虫、蚜虫、甲壳虫等昆虫。这些食虫真菌的武器是孢子。真菌的孢子落在昆虫身上，长出菌丝，钻进昆虫体内，活吃昆虫。

火疫病

火疫病主要波及有核的水果，蔓延速度极快，被感染的植物通常必死无疑。植物被感染的部分会枯萎，看起来就像被火烧过。火疫病的罪魁祸首是梨火疫欧文氏杆菌，一般由风或蜜蜂之类的授粉昆虫传播。不是所有植物都会得火疫病，只有苹果树、梨树、柑橘树以及相关的树种才会染病。

花叶病

许多经济作物和观赏植物都会得花叶病，包括黄瓜、花椰菜、西红柿、西葫芦等。花叶病由花叶病毒引起，蚜虫、粉虱、蓟马等昆虫吸食植物的汁液会传播病毒，园艺修剪工具也会传播病毒，甚至人类徒手沾上患病植物的汁液也会传播病毒。植物得病后，先是叶片变色，最终枯萎凋零。

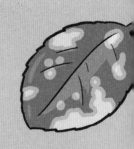

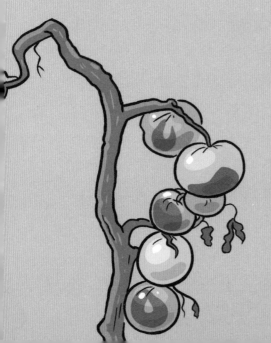

晚疫病

这种植物病害主要发生在马铃薯、番茄等茄科植物中。晚疫病是由一种真菌引起的。下雨会把一株植物上的真菌的孢子冲到另一株植物上，人接触到感染了晚疫病的植物，也会传播致病真菌的孢子。真菌会在植物细胞体内生长发育，掠夺植物体内的水分，导致植物枯萎。

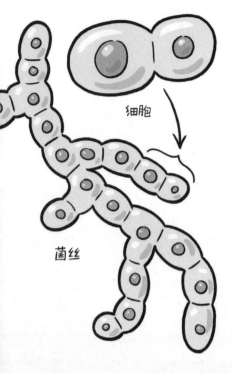

细胞

菌丝

真菌

组成成分

　　真菌的细胞与人体细胞以及动物细胞类似，有细胞壁，也有含有遗传物质的细胞核。大多数真菌都是多细胞生物，也有例外，酵母就是单细胞生物，通过分裂增殖。真菌细胞的细胞壁由甲壳素组成，非常坚固。甲壳素也是构成昆虫的甲壳的主要物质。

大小

　　在微生物中，真菌的体积较大。虽然单个真菌细胞很小，没有显微镜就看不见，但是真菌常常会延伸成大型的菌根网络，肉眼就能看见。世界上最大的真菌铺满了 10 平方千米的面积。这是一种蜜环菌，位于美国俄勒冈州的国家公园，它们吸收树木的营养，最终彻底摧毁树木。蜜环菌会在黑暗中发光，这在真菌中很少见。

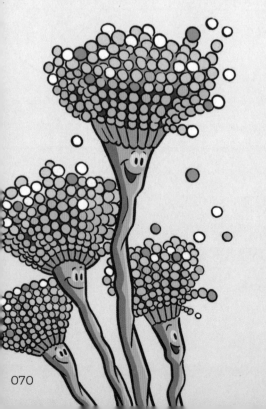

形态

　　大多数真菌的菌丝长得都差不多，纤薄透明，相互缠绕。

　　真菌长出地面的部分是它们的子实体，形态各异，大小不一,五彩斑斓。有些子实体非常大，比如牛肝菌的子实体和足球差不多大。还有些子实体的直径只有 1 毫米，它们会形成一片茂密的迷你森林，人眼看起来就像头发。霉菌的子实体就是很好的例子。

生活方式

  真菌以动植物的尸体为食。在大多数情况下它们吃叶子、木头以及腐败的动物和昆虫的尸体。它们还会感染植物，让植物一病不起，通常遭殃的都是经济作物。

  真菌通过孢子生殖。孢子小巧轻盈，微风拂过，便飘向远方。真菌的孢子遍布于室内外的空气中。这正是我们长时间不吃一些食物，它们就会发霉的原因。

真菌有害吗?

  大多数真菌对人体无害。有些真菌有毒，但只要不吃，就没什么可怕的。有些酵母或丝状真菌会引起皮肤病，比如导致脚气的足癣，但这些皮肤病通常情况下涂点药膏就好了。

地衣

　　地衣是非常复杂的生命体，由多种生物构成，它们共同生活，相互依存。地衣的构成成分之一是一种皮革似的真菌，它们形态丰富，颜色多样。这种真菌内部生活着若干藻类，享受着真菌的庇护。一方面，藻类利用阳光制造糖分，滋养真菌；另一方面，真菌从环境中汲取水分和营养物质，输送给藻类。有时，在地衣群落里还生活着许多别的真菌。

黏菌

　　黏菌特立独行。黏菌这种单细胞生物虽然名字叫菌，但不是真菌，自成一类。黏菌可以借助伪足前行。觅食时，成千上万的黏菌朝着同一方向集体行动，就像城市里汹涌的人流一样。黏菌喜欢生活在丛林里腐烂潮湿的木头上。它们形态奇特，颜色诡谲，甚至会长出子实体。

近年来，黏菌成为研究的热门话题。人们发现这些小家伙可以解决很多问题，比如确定觅食的最短路径。它们甚至记得食物的地点，还能把情报传递给其他黏菌。这种能力体现出黏菌有一定的智力。过去，人们只知道人类和部分动物（鸦科鸟类、章鱼、大猩猩）有智力，黏菌也有智力，真是令人惊叹不已。

酵母

酵母这类真菌是单细胞生物，它和细菌一样可以分裂生殖。对人类而言，酵母是最重要的微生物。酵母的种类成百上千，对人来说，最重要的是用于面包烘焙和饮料（啤酒、葡萄酒等）生产的那几种酵母。

生物技术也离不开酵母。酵母就像小型化工厂，人类可以向酵母下达指令，要求它生产特定的物质。比如用酵母可以生产维生素，补充营养，再比如用酵母生产凝乳酶，制作奶酪。为了达到这些目的，研究人员会修改酵母的遗传物质，这样它们就能准确生产出人们想要的东西。

有些酵母也会导致人患病。它们可以侵害身体的不同部位，也可以侵害身体内部的器官。

菌根真菌

　　大名鼎鼎的毒蝇伞、牛肝菌、毒鹅膏菌、松露都是菌根真菌。一年之中的大多数时候，菌根真菌都生活在地里，与植物的根部紧紧相连。于是，它们结成了紧密的互助伙伴关系。真菌向植物提供重要的营养物质，例如磷、硝酸盐。在自然状态下，这些营养物质在土壤里的含量微乎其微。植物的根部又很粗大，无法吸收这些营养物质。而真菌的菌丝纤细，可以吸收并传送它们。在自然的生态系统中，植物的营养物质源于菌根真菌的高达 90%。同时，菌丝还为植物输送水分。

　　植物则投桃报李，向真菌提供糖分。由于植物自身能通过光合作用合成糖类，它的糖分绰绰有余。

营养物质

糖类

菌丝体
（由许多菌丝组成）

农业生产同样受益于植物与真菌互惠共生的关系。研究人员推测，假如没有真菌，田地和花园的收成会缩水一半。

真菌的菌丝和植物的根系在森林的地下形成的网络也叫"木维网（Wood-Wide Web）"。森林中所有的树和绝大多数其他植物都在这张网中。有人推测，树木间甚至能通过菌根网络互通有无。如果树皮甲虫啃树，被啃的树就会通过向它的根传递化学信号发出警告。菌根网络收到信号后转发给周围的树，周围的树得知危险迫在眉睫，就能采取措施，比如增加树脂产量。

树苗的营养物质

木维网

　　格鲁比在森林里徒步旅行。路边有棵榛子树，他用小刀砍下一截树枝当拐杖。他走了一会儿，来到一棵大橡树跟前。"这棵橡树肯定年纪不小了！"他忖度着，一屁股坐在树下，舒舒服服地开始享用三明治。

　　接着他就听到一个低沉的声音说："这么做可不太好！"格鲁比吓得一蹦三尺高，难道是树开口说话了？"你把我吓死了！"格鲁比说，"什么叫'不太好'？"

　　老橡树不为所动："你从第 436 号树身上砍下了一截树枝。"

　　格鲁比惊呆了："那里离这里好几千米呢，你怎么能看见我干了什么？"

　　老橡树回答："你没听说过木维网吗？"

"你是想说互联网吧，对不对？"

这回老橡树忍不住笑了："互联网算什么，那是我们的山寨品。木维网可是5亿年前就有了，是名副其实的社交网络，世界上再没有比我们更大、更多元、更有影响力的了。"

老橡树发现，格鲁比对木维网一无所知，于是说道："树根在地下纵横交错，成百上千种真菌在根与根之间茁壮生长，它们彼此之间结成了网，又与树根相连。真菌与树根不仅交换养分，还会交换情报。我们无所不吃，无所不见，无所不知。"

老橡树说的话，格鲁比一个字都不信。于是老橡树说："来，把你的手插进地里，我们让你亲自感受一下木维网。"

格鲁比拿不定主意，但他实在很好奇，便听从了老橡树的指示。一开始，他觉得手很冷。过了一会儿，他感觉到纤细的菌丝缠绕在他的手指上，像戴了纺织手套。突然之间，格鲁比觉得自己的思维仿佛向四面八方同时延伸。

他看到面前滚滚涌动的营养物质流。树木等植物向真菌提供叶片中的糖分，真菌则用纤细的菌丝从地里吸取磷和氮的化合物，转手输送给树根。

格鲁比仿佛从地下将森林的全貌尽收眼底。"不好了，"他说，"山的那一头有一棵冷杉被树皮甲虫吃得千疮百孔，活不下去了。"老橡树对他说："别担心，这没什么，我们的生命就是这样周而复始。看见冷杉在做什么了吗？"

格鲁比全神贯注。他感觉到，冷杉储藏的所有营养物质都通过树根径直流向菌根网络。"天哪，"格鲁比大为震动，"冷杉知道自己命不久矣，就把所有的营养物质都留给了菌根网络，真是太高尚了，但是菌根网络就不能想办法帮帮它吗？"

"来不及了，"老橡树说，"不过，你再看看……"

格鲁比再度聚精会神。他感觉到，垂死的冷杉除了传送营养物质，还传达了情报信息。菌根网络接收到情报信息后，转发给周围的树根，警告它们树皮甲虫来袭。格鲁比听见很多树在窃窃私语："升级防御系统，提高树脂产量，释放驱虫物质。"

格鲁比从地里收回手，缠在他手指上的菌丝就断了。"真不可思议！"他说，"整片森林都是一个整体？拐杖的事真是对不住了。"

"没关系，"老橡树安慰他，"拐杖拿着吧，这样你就不会忘了木维网，这可是有史以来规模最大的网络。"

自然界中的资源回收

　　细菌和真菌是真正的废物回收专家。它们分解腐败的植物和动物的尸体，把这些全部转化成腐殖质和营养物质，供给活着的植物。要是没有它们，大自然早成了臭烘烘的垃圾堆。

　　（1）菌根真菌附着在树木等植物的根部，从周围的土壤里汲取养分供给它们，作为回报，它们从植物中获得糖分。

　　（2）细菌把人和动物的尿液中的铵离子转化成植物所需的营养物质——硝酸盐。

　　（3）有些真菌通过分解叶、枝、干等植物的组成部分，把腐败的植物转化成新的土壤，借此释放出废物中储存的营养物质。

　　（4）细菌把一部分硝酸盐变成氮气，以确保天然草地和森林的土壤中没有过多肥料。如果土壤中肥料过多，会被雨水冲走，导致下一个水体中肥料过量。

　　（5）三叶草属及其他豆科植物的根系中的根瘤菌可以吸收并固定空气中的游离氮，便于植物吸收。

腐败的植物转化成腐殖质

铵离子被转化成硝酸盐

根瘤菌

根瘤菌与众多豆科植物（比如豌豆等豆类、三叶草）共生。这些植物的根部形成了特殊的根瘤，这就是根瘤菌的家。它们可以吸收空气中的游离氮，将其转化成氮肥，供给植物。单独的植物和根瘤菌都无法做到这一点。两者相辅相成，缺一不可。这种共生关系在农业上举足轻重。农田里播种了三叶草，就能自然而然地施上氮肥，保持土壤的肥力。因此，人们会在农田里见缝插针地种上三叶草。

氮

养分

糖分

1

5

吃细菌的牛

奶牛、绵羊、山羊等反刍动物以食草为主。草的主要成分是纤维素，很难消化，因此，这些动物得到了特定细菌的帮助。这些细菌可以分解纤维素，以此为食，如此一来，营养丰富的细菌则成了反刍动物的食物。

1. 口

牛用嘴扯下一丛草，嚼也不嚼就咽了下去。

2. 瘤胃

牛的第一个胃是瘤胃。瘤胃可以容纳大约 50 千克饲草，由 7 千克细菌分解。

3. 网胃

牛一旦停止进食，就开始反刍。瘤胃中粗粝的食物会倒流回口腔，重新被牛咀嚼成细碎的糊状，然后再次咽下，这样细菌就能进一步分解食物。反刍过程主要在网胃进行。网胃会把营养物质分成小块，送回食道。

4. 重瓣胃

食物经细菌充分分解后，就会进入重瓣胃，那里会吸收营养物质。在吸收过程中，细菌会进一步分解糊状食物。

5. 皱胃

皱胃分泌的盐酸会杀死细菌，把它们一一分解，产生更多的营养物质和大量的蛋白质。

6. 小肠

蛋白质和营养物质会经小肠由血液吸收，一部分提供能量，另一部分会转化成牛奶。牛的小肠里就没什么细菌了。

7. 大肠

大肠就又是细菌的乐园了。细菌会分解剩下的营养物质，供给牛。残留物质就是粪便，会排出体外。

利用微生物生产食物

　　生产食物的过程离不开微生物的协助。要是没有微生物的帮助，就没有面包，没有奶酪，没有酸奶，也没有酸菜。

萨拉米香肠

　　萨拉米香肠由生肉、香料、盐、乳酸菌混合而成。由于乳酸菌会产生酸性物质，可以抑制腐败菌生长，因而香肠的保质期很长。

酸菜

　　圆白菜切成细丝，用盐腌制，放在密封瓶或盆里。几周之内，圆白菜表面的细菌会把圆白菜里的一部分糖转化为乳酸。圆白菜变酸之后就可以延长储存期。

霉菌奶酪

　　这种奶酪喷上了可食用霉菌的孢子。有时，在奶酪生产过程中，牛奶中已经添加了霉菌的孢子。奶酪在地窖里发酵成熟时，霉菌会长满奶酪。

醋

要生产醋就需要含有酒精的液体，例如白酒、红酒、苹果酒（发酵的苹果汁）。往这些液体中加入醋酸菌，它们可以吃光酒精，排出醋酸。

啤酒

生产啤酒时，人们会混合发芽谷物、啤酒花、水和酵母。在发酵过程中，酵母会消耗液体混合物中的糖分，排出酒精。生产过程的最后一步是把啤酒灌入瓶中。

红酒

生产红酒时，人们先采收葡萄，再把葡萄放进巨型圆桶里压碎，榨出果汁。葡萄皮上的天然酵母会把葡萄汁里的糖转化成酒精。几周后，葡萄汁被过滤储存在钢桶或木桶中，可保存数月甚至数年。

发酵

发酵是微生物——尤其是真菌和细菌，转化物质的过程的统称，比如把糖转化成酒精或二氧化碳、酒精转化成醋酸。在食品生产中，发酵的作用尤为显著。

奶酪简史

　　奶酪的制作已经有 7000 多年历史！但是时至今日，人们仍然不知道这种美味可口的食物具体是何时何地发明的。考古学家在古埃及国王的墓室中发现了迄今为止最古老的奶酪，它们已经在墓室里静静地躺了 5000 年。

　　研究人员据此推测，人类发明奶酪约与畜养奶牛、绵羊和山羊同时发生，大概在10000 年前。当时，人们常常把新鲜的牛奶存放在风干的动物的胃里。由于乳酸菌无处不在，胃里的牛奶很快发酸并在表面结成薄片。人们撇去表面的结片部分，就得到了世界上第一批新鲜奶酪。

奶酪是如何制成的

加热

牛奶加热到 68℃，可以杀死其中的有害细菌。

加入细菌和凝乳酶

制作不同奶酪时需加入不同的乳酸菌。奶酪的风味大部分源于乳酸菌。

凝乳酶提取自牛的皱胃，可以给牛奶增稠。

压制新鲜奶酪

将增稠后的牛奶切碎、搅拌。此时出现了大量细小颗粒的牛奶蛋白，也就是所谓的奶酪凝块。用布或筛子过滤出凝块，倒入奶酪模具。

加工奶酪

压制过后，给奶酪洗个盐水澡，可以增添咸味，让奶酪形成外皮。

在乳品厂

请勿擅自入内
卫生区

格鲁比参观了瑞士吉斯维尔的施尼德乳品厂。这里生产奶酪、酸奶、凝乳。今天正好轮到生产酸奶。

"首先要加热牛奶，这样可以消灭牛奶里的细菌。"乳品厂经理洛伦茨解释道。格鲁比困惑不已："可是生产酸奶不需要细菌吗？"

"没错，生产酸奶需要细菌，但不需要牛奶里的细菌。牛奶里的细菌只会导致牛奶发霉发臭，让人大倒胃口。"

装牛奶的大铁桶可以通电加热。洛伦茨把牛奶精确加热到91℃之后，举起一小袋粉末："这里面的乳酸菌才是我们想要的。"等到牛奶冷却到45℃时，他把袋子里的粉末倒进铁桶中。

当粉末落入热牛奶中时，格鲁比清晰地听见一阵欢呼："耶！乳糖好，乳糖妙，乳糖呱呱叫！"

　　"真是细菌的饕餮盛宴呀。"格鲁比感叹道。突然，他听到一个乳酸菌说："嘿，大伙儿，我憋不住了，厕所在哪里？"其他乳酸菌回答道："你在搞笑吗？找什么厕所，就地解决就是了。""有道理，谢啦！啊，轻松了。"格鲁比惊慌失措，大叫："它们在牛奶里撒尿！"洛伦茨笑了："正合我意！乳酸菌排泄出来的物质叫作乳酸，可以增稠牛奶，还可以杀死从空气中进入牛奶里的细菌。这样一来酸奶就能延长保存期。"

　　牛奶中已经挤满了乳酸菌，格鲁比帮洛伦茨把牛奶倒入壶中。洛伦茨解释道："现在把牛奶放进保温箱，静置 7 小时。乳酸菌会大量繁殖，把牛奶变成浓稠的酸奶。"

　　午休过后，格鲁比往酸奶中加入了稀薄的树莓果酱。还有很多其他口味的果酱可供选择：苹果、草莓、樱桃、香草。最后，酸奶流入灌装机，自动倒入杯中，封上封口。这样酸奶就做好了。

乳酸菌

　　乳酸菌的种类多达数百种。我们的皮肤上，动物的皮肤上，动物的皮毛里，人和哺乳动物的口腔、肠道里都有乳酸菌。乳酸菌会发酵各种各样的糖类，产生所谓的乳酸。

　　乳酸菌在食品生产中不可或缺，可用来制作奶酪、凝乳、酸奶、酸菜、萨拉米香肠等食品。乳酸菌在食品中繁殖，产生乳酸，这使食品呈酸性，类似于醋，从而使食品保持新鲜，这可能是因为对人体有害的细菌无法在乳酸中生存而死去。乳酸菌还会改变食品的风味。这一点在生产奶酪时尤为明显。往牛奶中加入不同的菌种，奶酪的口感就不同，或带有坚果的香气，或浓烈，或甜，或酸。

丰富多样的乳酸菌样本

格鲁比约见了瑞士联邦农业与食品研究中心科学院的微生物学家诺埃米。诺埃米的主要研究对象是奶酪中的乳酸菌。这项研究举足轻重，因为乳酸菌会影响奶酪的风味。诺埃米带格鲁比来到一个巨型冰柜前，她从实验服里掏出钥匙，打开了冰柜。

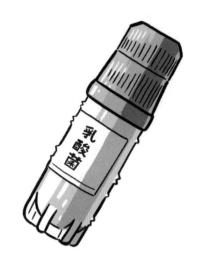

格鲁比呆住了："咦，冰柜还用上锁吗？这我可真是头一回见。"

诺埃米答道："毕竟冰柜里的东西价值千金呢。"当她打开柜门时，一股寒气扑面而来。诺埃米戴上了两副防寒手套。她解释道："冰柜里的温度很低，只有零下80℃。如果我不戴手套就伸手进去，就会被冻伤，皮肤立即会坏死。"

格鲁比大开眼界。过了一会儿，他注意到一个塑料盒，里面装着带盖的迷你试管。"这可是瑞士最珍贵的宝物，"诺埃米不无自豪地说，"这里面装的是用来制作各种各样的瑞士奶酪所必需的乳酸菌。无论是埃门塔尔奶酪、提尔西特奶酪还是格鲁耶尔奶酪，乳酸菌的作用都不容小觑。"

格鲁比很好奇："冰柜里这么冷，不会冻坏乳酸菌吗？"

"不会，这些乳酸菌不怕冷。而且我们会加入少量牛奶，牛奶含有的乳糖可以防止它们被冻伤。"

诺埃米从寒气森森的冰柜里拿出了更多盒子："迄今为止，我们已经收集了大约15000种乳酸菌菌株。一种细菌可能由成千上万种菌株组成。菌株就像苹果的品种，不同品种属于同一菌种，只有细微差别。"

格鲁比惊讶不已："瑞士真有大约15000种奶酪吗？"

"当然没有那么多。过去几十年、几百年，乳品厂制造奶酪时混合使用了不同的乳酸菌菌株，产生的风味多种多样，不胜枚举。我们收集菌株进行测试，研究最适合生产埃门塔尔奶酪、提尔西特奶酪和格鲁耶尔奶酪的菌株。"

诺埃米把塑料盒放回冰柜，郑重其事地锁上柜门。

这可是陈年奶酪！

格鲁比得到允许，可以在奶酪实验室帮忙，积极参与发现新型乳酸菌菌株。诺埃米把他带进实验室，室内的温度只有4℃，可以称得上是步入式冰箱了。这里存放了瑞士各地的奶酪样品。研究人员从奶酪中提取出乳酸菌，研究其中是否存在新的菌株，如果存在，就可以把新菌株加入他们的收藏中。

格鲁比的面前放着一块 1985 年的陈年山地奶酪，包装完好。诺埃米说："这块奶酪已经不能吃了，完全不能吃了。"

尽管如此，格鲁比还是剪开了奶酪的包装袋，一股恶臭四处蔓延。格鲁比屏住呼吸，用刀把奶酪切开。一个乳酸菌开口说道："终于呼吸到新鲜空气了！"

格鲁比问乳酸菌："你怎么会在奶酪里？""100 年来，我的祖先在乳清间辗转迁徙。在此之前，他们定居在奶牛的乳房上。后来，他们在挤奶时掉进了牛奶里。山地奶酪就是这么来的。"

另一个乳酸菌接过话头："这算什么，500 多年前，我的祖先跟着狼群穿过荒野，头狼用湿漉漉的鼻子在牛奶罐边嗅来嗅去，我的祖先趁机一跃而下。没了我们，这块山地奶酪的口味可要打对折。"

格鲁比把针锋相对的两个乳酸菌装进单独的试管，送到实验室进行分析。没过多久，分析结果就出来了。诺埃米兴冲冲地挥舞着分析报告："快来看，格鲁比，你发现了一个新的菌株！"

"啊，那是头狼的鼻子里喷出来的乳酸菌。"格鲁比应道。他提议："我们可以用这个乳酸菌开发'狼菌奶酪'。"

参观面包房

格鲁比去瑞士乌斯特的维阿亚面包房参观。这家面包房主打天然酵母面包。格鲁比骑车到店的时间是凌晨两点，天空中还挂着星星。面包师马丁却精神抖擞。他欢快地朝格鲁比打招呼："早啊，格鲁比！"格鲁比应道："早啊，马丁！你看起来精神头十足！"

"可不是嘛，我早就习惯在这个点开始工作了。"

新鲜出炉的面包香气扑鼻。面包房里人头攒动，工作人员忙忙碌碌。两位女士心灵手巧，正在给面团塑形，一位男士则在搅拌面团，另一位女士操作机器，卷出一个又一个牛角面包，一个小伙子接二连三地把烤盘送入四层大烤箱。

马丁向格鲁比演示制作面团的方法。水、面粉、少许盐都已准备就绪。"重头戏来了，"马丁说着，取来一个巨大的塑料桶，"当当当当——向你隆重介绍——这是酵头！"他揭开盖子，露出一大团带气孔的面团。

"这闻起来不太新鲜啊。"格鲁比评价道。马丁笑了："或许吧。"他说："主要是因为这里面混杂了多种酵母。酵头里生活着各种各样的酵母和乳酸菌，它们把面粉里的糖类和淀粉转化为气体和芳香物质，所以面包才会那么蓬松。"

马丁把一部分酵头加入搅拌机："酵头就像是收集了各种细菌和真菌的动物园，散发出无与伦比的香味。对我来说，细菌就是我的小帮手、我的最佳拍档，不可或缺。每天我都会喂它们面粉和水，让它们健康成长。"

格鲁比弯下腰，俯视着面团。他听见细菌和酵母吵吵嚷嚷："喂喂，别挤别挤，马上就轮到了。""一会儿就进搅拌机了，可以坐旋转木马喽！""别忘了，先把糖吃光，再吃淀粉。"

"这我可得试试。"格鲁比想着，把手指插进了面团中，塑料桶里顿时爆发出一阵鬼哭狼嚎。

"救命啊！谁来救救我。外星人来了！"一个酵母发出警告。格鲁比顿了顿，想弄明白酵母说这话是什么意思。酵母急得跳脚："别把手伸进来！你的指尖上到处是乳酸菌的新菌株。要是我们打不过它们，酵头就完蛋啦！"

格鲁比瞅了瞅自己的指尖，他看见了一支乳酸菌大军。它们叽叽喳喳，哄劝格鲁比："别看啦，伸手就是了！我们也想坐旋转木马。"

就在这个时候，马丁从牛角面包的架子后面看过来："忘了说了，这块酵头我已经用了5年了。这5年间我们生产的每一块天然酵母面包，都有它的功劳。"格鲁比现在懂了，他面前的这块面团是多么珍贵。他小心翼翼地盖上塑料桶的盖子，听见指尖传来"不要啊"的哀叹。

在污水处理厂

　　苏黎世的韦德霍兹利厂是瑞士最大的污水处理厂，格鲁比获得机会可以在这里工作一整天。污水厂利用微生物协助清洁马桶、浴室、洗碗机、洗衣机、洗车行等处排放的污水。处理后的污水可以排放到利马特河中。

　　污水厂负责人乌尔斯向格鲁比介绍微生物的工作场所。他把格鲁比带到一个类似游泳池的设施边。这个水池里全是棕色的液体培养基，这可不是玩水嬉戏的地方。"这是活性污泥，"乌尔斯解释道，"成分是污水和数十亿的微生物，例如细菌或钟形虫。"格鲁比咧开嘴笑了："我可没听到钟响。""哈哈！你可真会开玩笑。钟形虫可漂亮了。有了钟形虫，我们就不会淹死在自己产生的污水里。"

　　乌尔斯和格鲁比一起来到控制中心，控制台上有很多按钮。"现在必须给水池通风换气，"乌尔斯解释道，"每个活性污泥池底部都铺设了曝气器。一旦启动按钮，活性污泥池就开始冒泡。""冒泡了会怎么样呢？""人类的尿液中含有铵，这种物质有毒，必须从污水中去除。如果把铵排放到河水中，那么就会毒死河里的鱼。因此，我们的微生物小帮手会一步步把铵转化成氮气。氮气无害，最终会逃逸到空气中。"

　　格鲁比聚精会神地听着，乌尔斯继续解释："活性污泥池里有两种重要的细菌。一种细菌会先把铵转化成硝酸盐。但是硝酸盐对水体有害。因此我

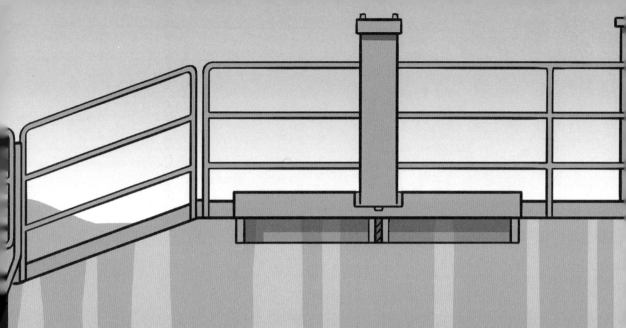

们需要第二种细菌，可以把硝酸盐转化成氮气。这样一来，就没有后顾之忧了。""明白了。"格鲁比郑重地说。

乌尔斯接着解释："问题在于，第一种细菌需要很多氧气，也就是需要空气，但是第二种细菌完全不需要氧气。"格鲁比问："那么怎么才能两全其美呢？""很简单。需要谁干活就按谁的需求来。你可以在屏幕上看到铵和硝酸盐的浓度。如果铵的含量高，就把进气开关开到最大。过一会儿，如果硝酸盐的含量居高不下，就关掉进气开关，方便第二种细菌工作，直到硝酸盐含量降低。你能做好这份工作吗？""当然能！"格鲁比信心满满地说。

于是乌尔斯去巡视四周，而格鲁比则目不转睛地盯着屏幕，监视着铵和硝酸盐的浓度。他准确地按需调整空气供应。然而，一小时之后，他开始频频打哈欠，最终打起了盹儿。一阵吵闹声吵醒了他。他听见群情激昂的口号声："屎尿满地，臭气熏天！"格鲁比冲出房门查看活性污泥池，里面的细菌已经停止工作了，显然正在举行罢工。格鲁比冲着细菌大喊："你们干吗呢？快干活呀，不然整个人类就要淹死在他们自己的排泄物里了。""这种工作条件怎么干活？"罢工代表抗议，"空气都没有，我们都不能呼吸了。"其余的细菌立刻喊起了口号："空——气，空——气，空——气。"

格鲁比这才恍然大悟，是自己开小差睡着了。他连忙跑回控制室，把进气开关开到最大。"差点误事了。"他松了口气，活动了一下身体，彻底清醒了。

处理污水的无名英雄

细菌

　　细菌是活性污泥池里个头最小的居民。与此同时，以数量而论，细菌又是活性污泥池里最庞大的团体。它们可以去除多种污水中的污染物。当它们吃饱喝足以后，就会集结成团，沉到水池底部，积成淤泥。它们以及它们吸附的污染物会从废水中分离出来。

真菌

　　真菌和细菌一样，以水中的碳化合物为食，例如溶于水中的厕纸纤维，也包括含有很多碳元素的粪便。

草履虫

　　草履虫的身体就像草鞋，全身遍布纤毛。草履虫摆动纤毛，一方面可以移动身体，另一方面可以把细菌送入口中。

钟形虫

　　钟形虫看起来就像叶柄上长出了一朵花。它的顶部扁平如环，上面生着一圈纤毛。这也是它的嘴巴，它张口时就会吸入细菌。

轮虫

　　轮虫与这里列举的其他微生物不同，它是多细胞生物，也就是说，轮虫和人类一样，由多个细胞组成，因此，轮虫比上述微生物都大一些。话虽如此，轮虫其实还是很小，只有在显微镜下才能观察到。轮虫的食物是细菌，但它们也吃水中摇曳的藻类和漂浮的碎屑。它们的排泄物在活性污泥池底部堆积成淤泥，随后会被抽走。

古菌

　　古菌与细菌非常相似，同样仅由一个通过分裂增
殖的细胞组成。人们推测，古菌是地球上最古老的
生物之一。当时，地球的生存条件非常恶劣。地壳尚未完全冷却，到处都是火
山和熔岩，炎热程度超乎想象。在有些地方，地表已经略微冷却，形成地壳，
但是地面没有土壤，只有石头。古菌就是在这样的环境中进化而来的。许多古
菌存活至今，甚至还在不断进化。古菌主要生活在极端环境中，例如盐场、温
泉、深海中的黑色烟柱、冰川等。

　　有些古菌生活在我们的体表和体内。一部分古菌生活在我们的肠子里，会
产生甲烷，让我们放屁。

　　很多古菌的特性都有利用价值。我们可以利用能产生甲烷的古菌生产沼气。

进化树上古菌和细菌之间有什么关系，还有待研究。人们推测，古菌和细菌可能有未知的共同祖先。

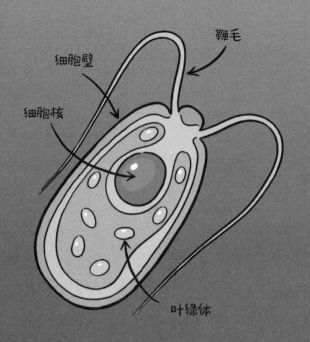

细胞壁

鞭毛

细胞核

叶绿体

藻类

组成成分

　　藻类的细胞本质上由细胞壁、细胞核以及细胞核中的遗传物质组成。除此之外，细胞中还含有叶绿体。叶绿体是绿色的颗粒，是发生光合作用的场所。在某些情况下，细胞外部还有鞭毛，方便藻类在水中游动。

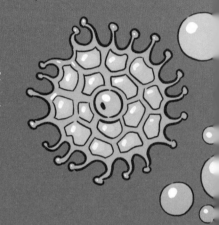

大小

　　藻类的大小千差万别。海藻可以长到好几米高，而有些藻类只有在显微镜下才能看到。很多藻类和细菌一样，是单细胞生物。下面的内容只针对小型藻类。

生活方式

　　从水坑到大海，所有水体中都有藻类的踪影。它们或自由自在地漂浮在水里，或紧紧攀附在石头或木头的表面。它们也可以在动物身上生长，比如鱼，乃至水蚤。

　　小型藻类生产了地球上大部分的氧气，因此它们对环境、对人类的生存都至关重要。大多数藻类和植物一样，通过光合作用把二氧化碳转化成氧气。

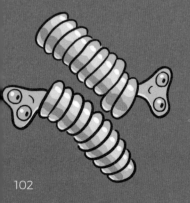

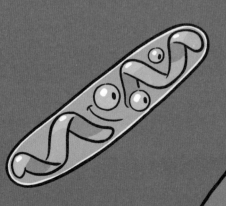

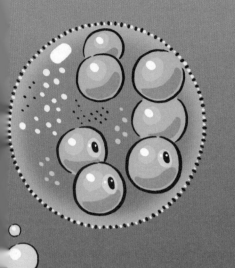

生态

单细胞藻类位于海洋、湖泊、河流生物链的底端。它们的天敌是小型甲壳动物。小鱼吃小型甲壳动物，大鱼吃小鱼，大型海洋动物吃大鱼。人也吃鱼，因此我们的食物链也包含藻类。

藻类有害吗?

藻类无毒，但是可能会过量繁殖，这称为藻华。如果废水和施过肥（例如硝酸盐）的田地向水体中排放了大量的营养物质，藻华就会发生。过量繁殖的藻类死后沉入水底，会引来细菌，把藻类尸体一扫而光。细菌在进食过程中会耗尽水中的氧气，导致鱼类和其他生物死亡。

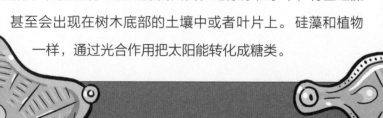

硅藻

硅藻是一种奇形怪状的水生生物，有些像糖果，有些像扭曲的梯子，还有些甚至像雪花。这些结构是由硅形成的。硅是自然界常见的矿物质。

几乎所有溪流、河流、湖泊、海洋中都有硅藻的踪迹。在大多数情况下，硅藻附着在水体底部，但是也有一些硅藻自由自在地漂浮在水中，有些硅藻甚至会出现在树木底部的土壤中或者叶片上。硅藻和植物一样，通过光合作用把太阳能转化成糖类。

大画布，小画家

虽然人类的肉眼看不到单个的微生物，但成千上万的微生物聚在一起，就能在环境中留下可见的痕迹。有时候，某一地点汇集的微生物数量繁多，甚至在太空中也能看到它们。

七彩温泉

温泉水从地底深处汩汩涌出地表，通常富含矿物质。这种生存环境对某些微生物来说非常惬意，水热一点它们也不在乎。一个绝佳的例子是美国西部的黄石国家公园的大棱镜温泉，这是世界上第三大的温泉。由于温泉中生活着细菌，温泉的边缘五彩斑斓。其中，红色和黄色源于类胡萝卜素，可以防止细菌受到强烈的日光辐射。

五彩盐池

海水盐场用于制盐。海水盐场是人工形成的湖泊，占地辽阔，地势平坦，灌注了大量海水。在日光照射下，水分蒸发，留下盐分。古菌和细菌可以在高盐环境下生存，它们在盐池里游弋。由于类胡萝卜素会保护它们不受日光侵害，盐池通常看起来一片血红，这一情景甚至能从国际空间站上看到。

绿色面纱

　　如果河流中、湖泊里、海岸边含有许多营养物质，藻类可能会大量繁殖，造成藻华。有时候，蓝藻也会导致藻华。由于种类不同，水体也可能看起来红彤彤的。有些蓝藻有毒，因此人不能也不应该在受影响的区域游泳。经常有狗因为在污染区域游泳死亡的案例。阿尔卑斯山中的母牛和非洲的大象在喝水时摄入有毒蓝藻也可能死亡。

（标牌）小心藻华 有中毒风险 禁止游泳 请看管好你的狗

在岩石上涂鸦

　　蓝藻在陆地上也很逍遥。人们经常能在悬崖峭壁上看到黑色或深绿色的条条杠杠，看起来就像是有人在崖壁上作画。

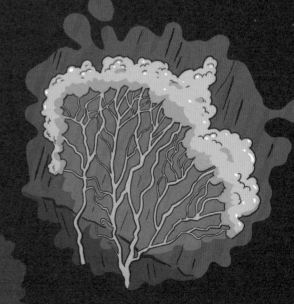

林中的抽象派画家

　　有时，在腐烂的树干上会突然出现彩色的斑点乃至瘤子。这是黏菌的杰作。

极限生存挑战

紧张的研究工作告一段落，格鲁比需要休息放松。他去山里度假，具体地点在瑞士的格劳宾登州的阿尔布拉山谷。在徒步旅行中，他发现了一口颇有野趣的喷泉，水从林地里伸出的木制管道中汩汩涌出。

"我正想喝口水呢，"格鲁比自言自语，喝了满满一大口，但他立刻后悔了，"呸呸呸，这水喝起来就像馊掉的臭鸡蛋！"

格鲁比忙着用水瓶里的水漱口，这时，几个旅行者走近了喷泉。格鲁比连忙发出警告："当心，千万别喝这里的水！已经被污染了。"旅行者笑了。"你怎么会这么想？"其中一人问道，"你没闻到味道吗？"

"只是硫黄罢啦。山上的石头里含有石膏，石膏里的硫溶于雨水，一路流到这里。顺便说一句，虽然有点冒昧，但是我叫库尔特，是一名地球生物学家，这些是我的学生。"

"你是说，我不会因为喝了这水中毒而死了？""至少今天不会。"库尔特答道，"一点点硫黄不会有事的。不过这水的味道肯定不怎么样，这是明摆着的。看看这里吧，这些小家伙可喜欢硫黄了。"他指着喷泉池里的一层白色。格鲁比之前并没有注意到。池壁四周都覆盖着一层白色，就像一件白色的毛皮大衣。

"这是细菌，它们吃硫黄。细菌随身携带小的硫黄颗粒，因此呈现白色。万一年景不好，水里的硫黄变少了，这就是它们的储备粮。"

新的生态系统正式形成

　　格鲁比与这群人结伴而行，来到了山间的一个湖泊边，更恰当的说法或许是小水塘，水刚及膝。库尔特高兴极了："这里可以看到微生物如何从无到有建立起新的生态系统。"

　　所有人都全神贯注地盯着水面，搜寻生命的迹象，但目之所及只有灰色的淤泥。这时，库尔特拿起一根棍子，从淤泥表面刮下一层："你们觉得这是什么？"

　　格鲁比仗着嘴长，近水楼台先得月。他凑上前瞧，整张脸紧贴着刮下来的东西，几乎都快成斗鸡眼了。这时他听到了一个声音："讨厌，我的膜全破了。现在该怎么办？这些人一点都不尊重别人的劳动成果吗？"

　　原来是蓝藻在说话，它看起来相当恼火。格鲁比难为情地说："对不起，我们只是想看看新生态系统的形成过程。"这个小家伙火冒三丈地说："当然咯，你们能有什么坏心思，只是想看看罢了。哼，就因为我们是蓝藻，就拿我们当实验室里的小白鼠，把我们挑在棍子上传过来传过去。"格鲁比试着安抚它的情绪："想尝尝我的巧克力棒吗？"

"巧克力棒！嘿，大伙儿都听到了吗？高等生物给我们蓝藻吃巧克力棒，真是尴尬到了极点。"蓝藻的笑声此起彼伏。格鲁比很好奇："你们不吃巧克力吗？"

"你没听见吗？我们是蓝藻，我们吃光。光合作用听说过吗？""你是说，你们和植物一样，都能进行光合作用？"蓝藻的笑声再度响起，这回，笑声几乎称得上震耳欲聋了。奇怪的是只有格鲁比能听见。

"太好笑了，我的黄嘴巴朋友。我们还要向你们这些高等生物重复多少遍：是我们蓝藻发明了光合作用，并且教会了植物如何进行光合作用。"这个蓝藻骄傲地补充道，"通常来说，在每个新的生活区域，我们都是第一批居民，其他生物都是后来的。"

格鲁比提问："你们为什么会形成这样特别的皮肤呢？""这相当于我们的房子。我们分泌出一种黏液组成了这种皮肤，叫作生物膜。"

"呃，不好意思，我无意打断你们的学术交流，但是能不能来个人把我放回水里？"一只水甲虫从库尔特棍子上的淤泥里探出头来。格鲁比吓了一跳："啊呀，我才看见你。你在这里干吗呢？"

"咳，这是我家啊！我吃蓝藻啦。不过蓝藻不太好吃，像很老的鱼肉。来点其他东西换换口味就好了。烂掉的叶子也行，我天天做梦都想吃。你知道什么时候才会供应这些食物吗？"

格鲁比转过身子面向库尔特，向他转达了水甲虫的问题："有只水甲虫问，生态系统中其他的部分什么时候才会出现。"

"告诉水甲虫，它得耐心点，还得好几十年呢。如果未来的天气像今天一样多变的话，这上面就会出现一个山间湖，物种丰富，有芦苇，有灌木，有蘑菇，还有许许多多其他的生物。"

土壤的形成过程

第一阶段　12000 年前，瑞士大部分地区的地貌如第一阶段的图所示。冰河时代的冰川逐渐退却，气候变得越来越暖和。

第二阶段　风吹来了第一批微生物。细菌就是其中一员。它们可以在石头表面生活，释放出重要的营养物质，例如铁。这些铁被地衣吸收。随着时间推移，石头上会长满地衣、藻类和苔藓。

第三阶段　土壤生物定居在岩石表面的植被上。这些居民包括跳虫、线虫（蛔虫）、等足目、蜱螨，过些时候，蚯蚓也会加入这个社区。这些生物吃枯叶，排出的粪便形成了第一层薄薄的土壤。这层土壤上会先长出草，然后长出灌木和乔木。

第四阶段　这些植物会长出树干、树皮和叶子，开花结果。最终它们都会掉到地上。土壤生物会把这些有机原料转化成新的土壤。每过一年，土壤厚度就会增加 0.2 毫米。斗转星移，大大小小的石头就被埋在了土壤下面。土壤也会变得越来越厚。

石头不同，景色迥异

库尔特邀请格鲁比去瑞士达沃斯附近的魏斯弗卢约赫山远足。到了那里，格鲁比就会进一步了解，石头对微生物以及自然风光的影响。一大清早，他们就动身搭乘帕森缆车上山。没走两步，格鲁比就发现石头泛着深绿色的光。

"这是蛇纹岩，"库尔特解释道，"这些岩石中含有铅、铜、镍和锌。这些重金属对动植物有毒，在一定程度上对微生物也有毒。"

走出几百米之后，格鲁比观察到，有毒重金属在环境中留下了浓墨重彩的一笔。这一队人停在一座陡峭的山坡前。这座山坡似乎从上到下一分为二，左边是一堆碎石，右边则是青草茵茵的土地。

"有人知道这是怎么回事吗？"库尔特问大家。格鲁比苦思冥想，脱口而出："左边的坡比右边的坡陡，所以土堆起来也会滑下来。""想法不错，不过这座山坡的两边一样陡。"

　　库尔特提示："你们有没有注意到，两边的石头有什么不同？"这回格鲁比胸有成竹了。"我知道了！"他的叫声非常响亮，回荡在山间，"左边的碎石堆是'有毒'的蛇纹岩，那里形成不了土壤，因为栖息在石头中的微生物活不下来。但是右边的石头肯定不是蛇纹岩，而是适合生物生存的另一种岩石。""说得好！格鲁比，这回你说对了！右边确实不是蛇纹岩，而是白云岩。它的主要成分是生石灰，微生物可喜欢了。所以日积月累，微生物就可以造成一层土壤。"

微生物对环保和农业生产的帮助

菌根

想让土壤肥沃，就可以利用菌根真菌。首先，在土壤或类似的底质中培养真菌，然后撒在农田或者花园里，这样真菌就能促进经济作物吸收养分，使之茁壮成长。真菌还可以用在刚刚种上植物的屋顶上。屋顶的土壤很薄，缺少土壤生物。如果在土壤中混入真菌，那么植物立刻有了地下的朋友，真菌可以帮忙吸收养分。

真菌大战甲虫

有一种叫作白僵菌的真菌可以吞噬多种昆虫。农业生产中会使用白僵菌防治金龟子的幼虫。金龟子的幼虫生活在土壤中，专吃草根。如果幼虫数量很多，整片草地会被摧毁。为了避免发生这种情况，人们在麦粒上培育白僵菌，用播种机把它们播撒在土壤里，让白僵菌吞噬幼虫。

清洁工

许多细菌和部分真菌从事"清洁工"的工作。事实证明，有些微生物可以吞噬石油，出现石油泄漏事故时可以帮忙清洁环境。出于这样的目的，人们首先在实验室中培养细菌，然后把它们送到需要的地方去。最棒的是细菌在吞噬石油的过程中会增殖。还有些细菌可以过滤土壤中的重金属和杀虫剂。有些细菌甚至能清洁被放射性物质污染的土壤。

有效微生物制剂 (EM)

有效微生物制剂是指三种菌群（酵母、乳酸菌、光合细菌）的混合物的溶液。20 世纪 80 年代，日本园艺学教授比嘉照夫发明了这一技术。自那之后，有效微生物制剂在世界各地用于园艺、农业和其他领域，例如改良土壤、促进植物生长、发酵垃圾、分解堆肥。马厩的垫料上会喷洒有效微生物制剂，去除臭味，赶走苍蝇。有效微生物制剂同样用于养殖业。比如牛的饲料中会加入有效微生物制剂，改善牛消化不良的症状，增强其免疫力。时至今日，人们仍在研究有效微生物制剂。目前尚不清楚，什么情况下它们真的有用，什么情况下它们其实没用。

科技术语

蛋白质

蛋白质是生命的基石。我们的肌肉、大脑、骨骼甚至指甲和头发都由蛋白质构成。儿童在生长发育阶段需要大量蛋白质。我们摄入蛋白质的主要途径是肉类和奶制品，不过蛋、豆类、菌菇和坚果中也含有蛋白质。

地球生物学家

地球生物学家研究各种石头及冰川中的生物。这些地方大多在山区，所含的营养物质很少，生存条件恶劣，通常只有细菌、地衣、真菌能够存活。

冻伤

热水和明火能导致灼伤，极度冰冷的物体则会导致冻伤。一旦人体皮肤接触到零下80℃的冰，皮肤细胞会瞬间死亡，受伤的部位会像灼伤时一样鼓起水疱。

粪便

排泄物的另一种说法。

共生

自然界中的共生指两种不同生物（比如蚜虫和蚂蚁、真菌和植物）之间的合作伙伴关系，双方都能从这种关系中获益，也就是说，它们唇齿相依、相辅相成，甚至有时候，其中一方离了另一方就完全无法生存。

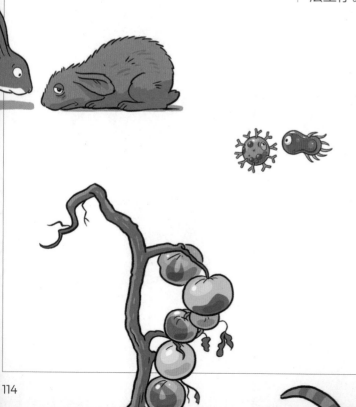

蛔虫（一种线虫）

蛔虫很小，长度只有 1 毫米。成千上万的蛔虫生活在土壤中，食用植物和各种微生物。

接触传播

接触传播指由于接触物品、人或动物导致病原体播散。在大多数情况下，病原体首先附着在手上，继而进入眼睛、鼻子、嘴巴。

考古学家

考古学家研究人类文化的发展，换言之，他们研究人类的文字、建筑和艺术。出于研究目的，他们常常会开展地下挖掘工作，发现历史悠久的建筑物，例如古罗马农场、古罗马竞技场、湖居人的高脚屋的遗迹。

矿物质

自然界中的矿物质以晶体形式存在。举个简单的例子，盐湖的边缘会形成立方体状的晶体，那就是盐。烧水壶中沉积的水垢也是矿物质。

类胡萝卜素

类胡萝卜素指特定的红色、橙色和黄色的色素，广泛存在于自然界中。譬如说，秋天来了，树木的叶子变色了，这就是类胡萝卜素的颜色。类胡萝卜素也存在于数目繁多的细菌和藻类之中。通常情况下，类胡萝卜素的作用是防止光氧化。

扑热息痛（对乙酰氨基酚）

扑热息痛是一种药物，用于治疗疼痛、发烧。

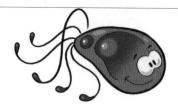

气溶胶

气溶胶是非常小的液态或固态颗粒，由于重量很轻，可以长时间飘浮在空中，不会掉到地上。气溶胶的组成成分丰富多样，例如唾液（源于呼出的空气）或烟尘（源于汽车排放的尾气）。

杀虫剂

杀虫剂一般在农业生产中使用，有时也用于园艺，例如防治蚜虫。在大多数情况下，杀虫剂直接喷洒在植物上。

砷

砷有剧毒，60毫克砷就足以毒死一个人。不过，微量砷也可以药用。举例而言，治疗癌症时会用砷抑制癌细胞增殖。

生态系统

生态系统就是在一定空间内，生物与环境构成的整体。举例而言，一栋房子前面的水坑里生活着一只水蚤，这就是一个生态系统。空间内也可能生活着多种多样的生物，比如珊瑚礁里生活着各种各样的鱼、蟹和贝。

生物反应器

生物反应器是利用酶或生物体（如微生物）所具有的生物功能，在体外进行生化反应的装置系统。用于培育、繁殖活细胞（人类细胞、细菌细胞、酵母细胞）。生物反应器可以调节温度和氧气供应，通过特殊的进口向细胞输送营养物质。

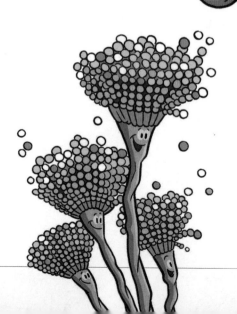

生物技术

生物技术会利用活细胞（例如酵母）制造人类所需的医学或化学物质。为此通常需要改造活细胞，确保它们能准确无误地生产出目标物质，比如维生素 C、酒精或者天然塑料。

生物质

生物质根据国际能源机构（IEA）的定义，是指通过光合作用而形成的有机体，包括所有的动植物和微生物。

水杨酸

水杨酸是阿司匹林（用于治疗头疼等疼痛的药片）的有效成分。

糖尿病

糖尿病的发病原因是细胞无法吸收糖类，而糖类恰恰是细胞生命活动所必需的主要能源物质，是"生命的燃料"。

金属

金属分为两类：重金属和轻金属。铝和镁就是轻金属。铅、铁、镍等大多数其他金属比铝和镁重得多，属于重金属。

紫外线

紫外线是太阳光中能量最高的部分。人眼看不见紫外线，但人可以感觉到紫外线：如果在缺少防护的情况下皮肤长时间暴晒，会被紫外线晒伤。

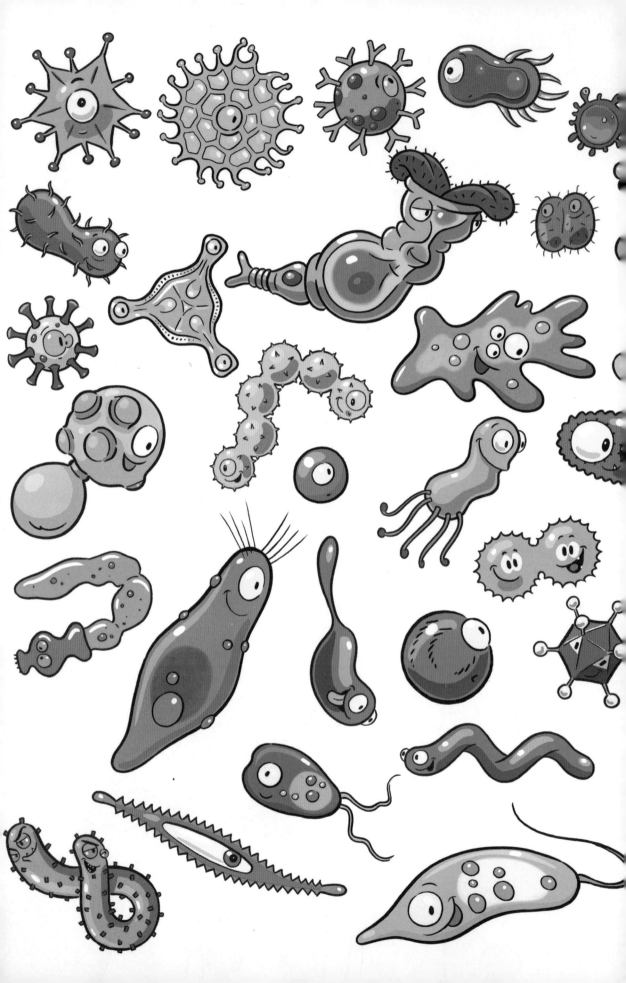

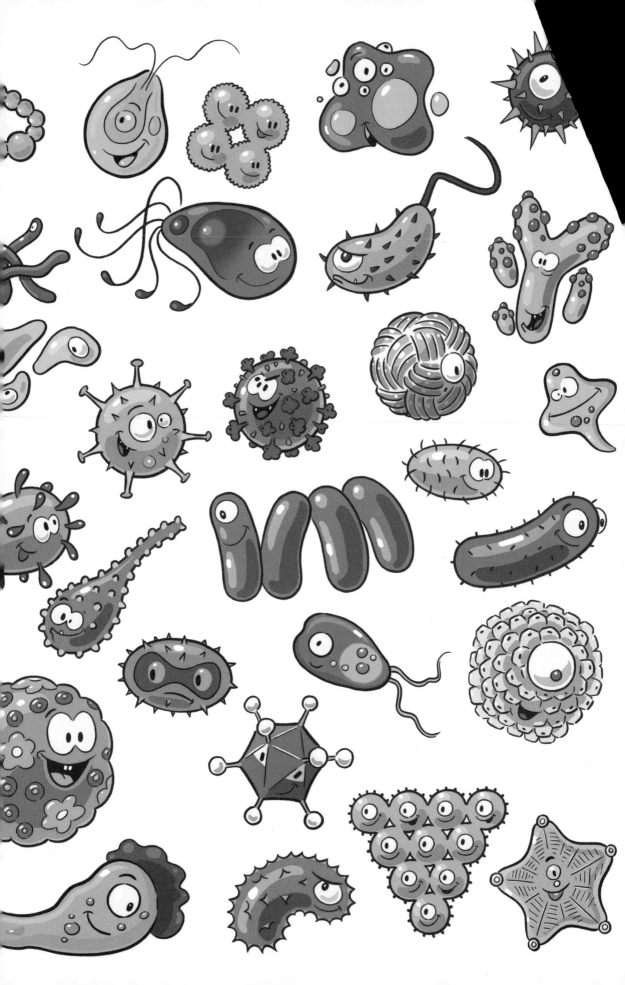